UNLOCKING
THE UNIVERSE

时间简史
儿童版（上）

STEPHEN HAWKING & LUCY HAWKING

[英] 史蒂芬·霍金　[英] 露西·霍金 著
[瑞典] 简·比莱基 绘图
杨杉 译

CSK 湖南科学技术出版社

PUFFIN BOOKS

UK | USA | Canada | Ireland | Australia | India | New Zealand | South Africa

Puffin Books is part of the Penguin Random House group of companies
whose addresses can be found at global.penguinrandomhouse.com.

www.penguin.co.uk   www.puffin.co.uk   www.ladybird.co.uk

Penguin
Random House
UK

First published 2020

001

Copyright © Lucy Hawking, 2020

'Buildings Rockets for Mars' copyright © 2015 National Aeronautics and
Space Administration, an Agency of the United States Government. Used with
Permission.

'Name of Essay', 'Name of Essay' and 'Name of Essay' were first published in
George title (Corgi Books, YEAR); 'Name of Essay', 'Name of Essay' and 'Name of
Essay' were first published in George title (Corgi Books, YEAR); 'Name of Essay',
'Name of Essay' and 'Name of Essay' were first published in George title (Corgi
Books, YEAR); 'Name of Essay', 'Name of Essay' and 'Name of Essay' were first
published in George title (Corgi Books, YEAR);

<NOTE TO EMMA: need to acknowledge that the essays are from previous George
titles? Also not sure what to do about credits for the new essays? Previously never
acknowledged that essays writers retain copyright to their text, except for NASA
one>

The moral right of the authors and illustrator has been asserted

Text design, illustrations and diagrams by Jan Bielecki

Printed and bound in Great Britain by Clays Ltd, Elcograf S.p.A.

A CIP catalogue record for this book is available from the British Library

HARDBACK ISBN: 978–0–241–41532–0

INTERNATIONAL PAPERBACK ISBN: 978–0–241–41886–4

All correspondence to:
Puffin Books
Penguin Random House Children's
80 Strand, London WC2R 0RL

"记得抬头仰望星空，而不是俯视脚下。"

—— 史蒂芬·霍金

目录

序言

在我的一生中，我享有与父亲史蒂芬·霍金的朋友和同事们一起消磨时光、交谈和探讨一些关于伟大的世界问题的非凡特权。我的父亲是一位了不起的科学家，他意识到用人们可以理解的方式讲述他所从事的工作具有重要意义。他认为每个人都有权知道科学家的所作所为及其意义。我是一个爱问问题的女孩，我的问题通常都能得到解答。有时答案令人困惑或茅塞顿开，有时甚至让我生气，但是我从那些知其所言的人那里得到了答案。听他们的解答或者追问更多的问题，让我觉得仿佛壮丽的宇宙触手可及。

当我长大后，我才意识到有这样的机会是多么难得。如果我的工作只有一件事，那就是分享我一生中极为幸运的一面——通过把他们写进书中的方式，让人们了解这些引人入胜、见解独到、富有创造力、才华横溢又幽默风趣的人们。从我和父亲合著的第一本书《乔治的宇宙 秘密钥匙》里父亲令人惊叹的文章开始，整个《乔治的宇宙》系列因各领域著名科学家和专家的发声而更充实、更具启发性，我们写下其研究成果及工作生活以飨年轻读者。

当然，由于有了互联网，比起我小时候，现在我们能够更容易地获得更多的信息。但这意味着什么？你如何判断互联网上信息的真实与正确呢？当我和父亲一起写书时，我们意识到可以在我们"大家庭"成员——专家和科学家们的帮助下将信息变成知识。这本书将我们收集的所有精彩文章和知识整理为一本书，并添加了一些我一直想要加进来的令人惊喜的新内容，例如遗传学、平行宇宙以及关于黑洞的新文章。

书中作者们还探讨了人工智能的道德准则和否定科学的问题，以及我们年轻的撰稿人谈到了气候变化和青少年对全球变暖的感想。

自从父亲和我第一次想到写一个男孩掉进黑洞的故事以来，似乎已经过去很长时间了。我们合著第一本书的灵感来自于生日聚会上我问父亲的一个问题，这个问题促使我们写一本书来作出回答——现在，在这本书中，我想我们可以坦诚地说，你永远不会知道你的提问将会产生怎样的结果。在《乔治的宇宙 秘密钥匙》中，安妮的科学家父亲埃里克为孩子们写了一本书，叫作《宇宙用户指南》，正是此书。

很高兴也很荣幸与你一同踏上这段旅程。如果你已经是我们的读者了，谢谢！如果你还不是——请跳上宇宙飞船，准备升空吧！祝你的宇宙冒险之旅好运，记住，别飞得离黑洞太近……

露西·霍金

第一章
起源

宇宙的创生

史蒂芬·霍金教授

剑桥大学理论宇宙学研究中心创始人

关于世界的起源流传着很多不同的故事。例如，根据中非布霜果（Bushongo）人的说法，世界太初只有黑暗、水和伟大的邦巴（Bumba）神。一天，邦巴神肚子疼，吐出了太阳。太阳晒干了一些水，留下了陆地。他依然疼痛不止，接着吐出了月亮和星辰，然后吐出了一些动物——豹子、鳄鱼、乌龟，最后吐出了人。

其他民族也有自己的故事。这是他们试图回答大问题的早期尝试：

- 我们为什么在这里？
- 我们来自哪里？

回答这些问题的第一个科学证据大约是在一个世纪以前发现的。人们发现其他星系正在远离我们。宇宙在膨胀，星系之间的距离越来越远。这意味着过去星系之间的距离更近。大约140亿年前，宇宙的温度很高，密度很大。它开始分离的那一刻叫作宇宙大爆炸。

宇宙自大爆炸起膨胀得越来越快，这种现象被称为暴胀，通货膨胀被用来描述商店里价格不断上涨的现象。宇宙早期的膨胀比物价通胀要快得多：我们认为，如果物价在一年内翻倍，那么通货膨胀率就会很高，但宇宙的尺寸在不到一秒的时间内翻了许多倍。

暴胀使宇宙变得非常大，非常光滑和平坦。但它又并非完全平滑的：宇宙在不同的地方有微小的变化。这些变化造成了早期宇宙温度的微小差异，我们可以从所谓的宇宙微波背景中看到这一点。这些变化意味着一些地区的扩张速度将略微放缓，变化较慢的区域最终会停止膨胀，坍缩形成星系和恒星。我们的存在应归功于这些变化。如果早期的宇宙是完全平滑的，就不会有星系或恒星，因此生命就不可能发展。

宇宙大爆炸

大爆炸理论是一个或一组关于宇宙如何起源的想法。科学家们寻找证据来证明他们的想法是正确的。大多数科学家接受大爆炸理论。

穿越太空之旅

伯纳德·卡尔教授

伦敦玛丽女王大学物理与天文学院

出发之前，我们必须理解"旅行"和"宇宙"这两个术语的含义。"宇宙"一词的字面意思是一切存在的事物。然而，天文学历史可以看作是一段旅程，每前进一步，宇宙似乎就变得更大。所以我们所说的"一切"也会随着时间的推移而改变。

如今，大多数宇宙学家接受大爆炸理论——根据该理论，宇宙在大约140亿年前开始处于大压缩状态。这意味着我们能看到的最远的距离是自宇宙大爆炸以来光走过的距离。这定义了可观测宇宙的大小。

那么"旅行"是什么意思呢？首先，我们必须区分观测宇宙和穿越宇宙。观测是天文学家的工作，我们还将会看到他们追溯过去。航行是宇航员的工作，

包括穿越太空。旅行还包括另一种航行。因为当我们从地球旅行到可观测宇宙的边缘时，实际上我们，是在追溯人类思考宇宙尺度的历史。接下来我们将依次讨论这三段旅程。

穿越时间之旅

天文学家接收到的信息来自以光速（300 000 千米/秒或 186 000 英里/秒）传播的电磁波。光速虽然非常快但它是有限的，天文学家经常用光旅行时间传播的距离来测量距离。例如，光从太阳到达我们只需要几分钟，但从最近的恒星到我们则需要几年，从最近的大星系（仙女座）到我们需要几百万年，从最遥远的星系到我们需要几十亿年。

这意味着当一个人超远距离观测时，他也在观测遥远的过去。例如，如果我们观察一个 1 000 万光年远的星系，我们看到的是它 1 000 万年前的样子。因此，从这个意义上说，一次穿越宇宙的旅行不仅是一次穿越太空的旅行，也是一次穿越时间的旅行 —— 正好回到大爆炸。

我们不可能真正观测到大爆炸。早期的宇宙太热了，形成了一团粒子雾，导致我们的视线无法穿透。当宇宙膨胀时，它冷却了，大爆炸后 38 万年，雾消散了。然而，我们仍然可以用我们的理论来推测在那之前，宇宙是什么样子。随着时间的推移，密度和温度随之增高，我们的推测依赖于我们在高能物理学领域的理论，我们现在对宇宙的历史有了相当完整的了解。

人们可能会认为我们穿越时间的旅行会在大爆炸时结束。然而，科学家们现在正试图理解"创造"本身的物理原理，任何能够产生我们宇宙的机制原则上还可以产生其他的宇宙。例如，有些人认为宇宙经历了膨胀和坍缩的周期，给我们留下了在时间上拉长的宇宙。另一些人认为，我们的宇宙只是散布在太空中的许多"泡泡"之一。

穿越太空之旅

由于时间的原因，在宇宙中进行物理旅行更具挑战性。物理学家阿尔伯特·爱因斯坦提出了关于空间和时间的两个重要理论。他在1905年发表的《狭义相对论》中提出，宇宙飞船的运行速度不可能超过光速。这意味着宇宙飞船至少需要10万年才能穿过银河系，100亿年才能穿过宇宙——至少在地球上的人看来是这样。但狭义相对论还预测，对于移动的观察者来说，时间流逝得更慢，因此对宇航员本身而言旅程可能更快。的确，如果一个人能以光的速度旅行，那么时间将不会流逝！

没有一艘宇宙飞船能像光速一样快，但仍然可以逐渐加速趋近于这个最高速度，他所经历的时间将比地球上经历的时间短得多。例如，如果一个人以地球上的重力加速度推进，那么穿越我们的银河系似乎只需要30年的时间。因此，你可以在自己的一生中回到地球，但是你的朋友们早已去世。如果一个人继续在银河系外加速推进一个世纪，理论上，他就可以到达目前可观测到的宇宙的边缘！

爱因斯坦的另一个理论——广义相对论（1915年）可能允许更多奇异的可能性。例如，也许有一天宇航员可以使用虫洞或空间弯曲——就像《星际迷航》和其他的流行科幻小说系列一样——使旅程变得更快，回到家而不会失去任何朋友。但这些都只是推测。

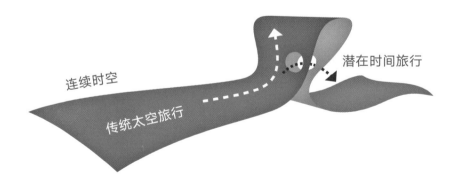

连续时空

传统太空旅行

潜在时间旅行

穿越人类认知宇宙之旅

古希腊人认为地球是宇宙的中心，与行星、太阳和星星离得比较近。地心说于16世纪被推翻，当时哥白尼指出地球和其他行星围绕太阳运行。然而，日心说并没有持续很长时间。几十年后，伽利略用他新发明的望远镜观测到银河是由无数个像太阳一样的恒星组成，此前人们只知道银河是天空中的一束光，这一发现不仅削弱了太阳的地位，而且大大增加了人们对宇宙的认知。

到18世纪，人们普遍认为银河系是一个由许多恒星组成的圆盘（即星系），由引力把它们连在一起。当时大多数天文学家仍然认为银河系构成了整个宇宙，这种以银河系为中心的观点一直延续到20世纪。1924年，爱德文·哈勃测量了离我们最近的大星系（仙女座）的距离，发现它一定远在银河系之外。人类对宇宙大小的认知又一次转变！

哈勃望远镜在短短几年间就获得了几十个邻近星系的数据。数据显示所有星系都在远离我们，其速度与它们离我们的距离成正比。最简单的描述方法是把空间本身想象成不断膨胀的气球，气球表面画满星系。这种膨胀被称为哈勃定律，它现在被证明适用于数百亿光年的距离，一个包含数千亿星系的区域。人们对宇宙的认知又一次飞跃！

宇宙中心论认为这是宇宙大小的终极定论。因为宇宙的膨胀意味着，当一个人回到过去，星系会逐渐靠近，并最终合并。回到140亿年前的大爆炸时期，在此之前，宇宙的密度一直在增加，从那时起，我们就再也看不到光所走过的距离以外的东西了。然而，最近有一个有趣的观察发现。尽管人们预期由于引力的作用，宇宙的膨胀会减慢，但目前的观测表明，它实际上正在加速。解释这一现象的理论表明，我们观测到的宇宙可能是一个更大的"泡泡"的一部分。而这个"泡泡"本身可能只是众多"泡泡"中的一个！

接下来呢？

因此，我们这三次旅行——第一次穿越时间，第二次穿越空间，第三次追溯人类认知史——的终点是一样的：我们只能通过理论探访那些无法观测到的宇宙深处！

阿尔伯特·爱因斯坦 (1879 — 1955)

阿尔伯特·爱因斯坦，物理学家和数学家，出生于德国，但他的家人后来搬到了意大利，然后又搬到了瑞士。他从小就表现出对科学的兴趣——5 岁时，他迷上了指南针，对指南针一直指向同一个方向的原因充满了好奇。12 岁时，他自学了代数和几何。

1905 年，26 岁的他发表了三篇科学论文。其中一篇《论动体的电动力学》，即广为人知的"狭义相对论"。十年后的 1915 年，他发表了"广义相对论"。

爱因斯坦是犹太人，1932 年 12 月，也就是阿道夫·希特勒成为德国总理的前一个月，爱因斯坦放弃了德国国籍。他搬到了美国，在那里度过了余生。他是一位和平主义者，反对原子弹。他想要建立一个世界政府，希望世界和平、永无硝烟。

阿尔伯特·爱因斯坦被授予 1921 年诺贝尔物理学奖。许多人认为他是有史以来最伟大的物理学家。

爱因斯坦的理论

狭义相对论

宇宙中的一切都在运动。相对论描述了空间、时间和运动之间的联系。爱因斯坦在他的狭义相对论中提出，无论光源如何运动，真空中的光速对于任何观察者而言都是一样的。同样，如果观察者相对于其他观察者是匀速运动，这个物理定律依然成立。这个理论产生了一些有趣的结果，包括能量和质量是可以互相转变的，没有什么东西比光的速度更快。这个理论引出了著名的爱因斯坦质能方程：

$$E = mc^2$$

广义相对论

广义相对论是关于引力的。爱因斯坦认为空间中的物质扭曲了它周围的空间，使它弯曲。这种弯曲就是我们所说的引力，但我们通常使用的那种几何只适用于平面物体，因此不能用来描述弯曲空间。广义相对论描述了引力如何影响时间和空间。

空间均匀性

为了将广义相对论应用于整个宇宙，我们通常会作一些假设：

- 空间中的每个位置都应该有相同的表现（均匀性）。
- 空间中的每个方向看起来都应该是相同的（各向同性）。

这就勾勒出一幅宇宙的图景：

- 空间均匀
- 从一个大爆炸开始
- 然后均匀扩张

这幅图景得到了天文观测结果的有力支持——我们可以通过地面上和太空中的望远镜看到太空中的景象。

然而，宇宙在空间中不可能是完全均匀的，不然像星系、恒星、太阳系、行星和人类这样的结构不可能存在。这就需要一种微波模式的均匀性来解释第一批气体和暗物质可能会开始坍塌，那样根据物理学定律才可以继续创造恒星和行星。

因为气体和暗物质起初几乎是均匀的，同时我们相信同样的物理定律适用于任何地方，所以，我们推测所有的星系都以相似的方式形成。所以遥远的星系应该有类似的恒星、行星、小行星和彗星，就像我们在银河系中看到的那样。最初的微小涟漪从何而来，目前还不完全清楚。目前最好的理论是，它们来自于微观的量子扰动，这种扰动被一种非常迅速的早期膨胀阶段——即所谓的暴胀阶段——放大了，这一膨胀阶段发生在宇宙大爆炸后第1秒内的极短时间内。

在第20页和第191页找到更多关于暗物质的信息。

爱德文·哈勃
(1889 — 1953)

爱德文·哈勃是一位美国天文学家。在学校里，他是一名明星运动员，除拼写外他所有科目的成绩都很好。他作为一名天文学家，在加利福尼亚的威尔逊山天文台工作。1923年，他用2.5米的胡克望远镜观测仙女座星云。他发现了一种特殊的恒星，叫作造父变星，这使他能够计算出仙女座星云距离地球90万光年。它不可能在我们的银河系中，因为银河系的半径是52 850光年——这意味着仙女座星云实际上是仙女座星系。这是人类第一次发现另一个星系，这表明宇宙由更多的星系组成，哈勃后来发现了其中一些星系。他还找到了一种根据形状来给星系分类的方法，星系离太阳系越远，它的速度就越快。

根据目前的计算，仙女座星系距离我们200万光年。但是哈勃的这一发现非常具有开创性，因为它证明了仙女座星系位于我们银河系之外。

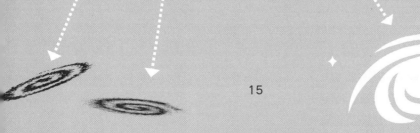

万物
理论

纵观历史，人们试图理解他们身边所能看到的令人惊奇的事情，并提出疑问：

- 这些是什么东西？
- 为什么他们会那样移动和改变？
- 他们一直存在吗？
- 关于我们为什么存在于此，他们告诉了我们什么？

直到最近几个世纪，我们才开始找到科学的答案。

经典理论

　　英国伟大的数学家和物理学家艾萨克·牛顿于 1687 年发表了他的运动定律，描述力是改变物体运动状态的方式；万有引力定律描述宇宙中任何两个物体之间都有相互吸引的引力——这就是我们被"粘"在地球表面，地球绕太阳运行以及行星和恒星创生的原因。在行星、恒星和星系这样的尺度上，引力是宏伟宇宙的建筑师。牛顿定律适用于发射卫星和向其他行星发射航天器，但是，当物体非常快或非常大的时候，就需要包括爱因斯坦相对论在内的更多的现代理论，另外还需要另一种理论来解释诸如原子和粒子等非常微小的物体的运动行为。

牛顿运动定律

1. 除非受到外力的作用，否则一切质点都保持原来的静止或匀速直线运动状态。

2. 质点的动量变化率与外力大小相等，且与外力方向相同[1]。

3. 如果一个质点对另一个质点施加一个力，那么第二个质点对第一个质点施加一个大小相等但方向相反的力[2]。

1　牛顿第二定律：物体的加速度*a*跟物体所受合外力*F*成正比，跟物体的质量*m*成反比，加速度的方向跟合外力的方向相同。——译注

2　牛顿第三定律：相互作用的两个物体之间的作用力和反作用力总是大小相等，方向相反，作用在同一条直线上。——译注

万有引力定律

宇宙中任何两个质点之间都有相互吸引力，这个力的方向沿着质点之间的直线，力的大小与质点质量的乘积成正比，与它们之间距离的平方成反比。

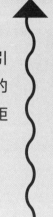

艾萨克·牛顿爵士
（1642 — 1727）

艾萨克·牛顿是英国数学家和物理学家。在他小时候他的父亲就去世了，他是由祖母带大的。上学时，他喜欢做日晷和水钟。有一个著名的故事：他看到一个苹果从家里果园的树上掉下来，他受到启发，想出了万有引力定律。

在他 23 岁的时候，他就已经几乎完成了关于万有引力的所有研究。

牛顿还发现，用棱镜可以把白光分成不同的颜色。他发明了一种新的望远镜。当时，虽然他在科学家和数学家中很有名，但他发表自己的作品却很晚。他曾两次当选剑桥大学议员，并于 1705 年被封为爵士。

量子理论

经典理论适用于大的物体，比如星系、汽车甚至细菌，但是它们无法解释原子是如何运动的——事实上，他们说原子是不存在的。在 20 世纪早期，物理学家们意识到他们需要发展一种全新的理论来解释诸如原子或原子组成部分（如电子）等非常小的物体的特性。这就是量子理论。标准模型理论总结了我们目前对基本粒子和力的知识，它包括夸克和轻子（物质的组成粒子）、作用粒子（胶子、光子、W 和 Z 玻色子）和希格斯玻色子（用来解释其他粒子的部分质量）。许多科学家认为这太复杂了，想要一个更简单的模型。

此外，天文学家发现的暗物质在哪里呢？和引力有何相关？引力的作用粒子被称为引力子，但是把它加入标准模型是很困难的，因为引力很不相同——它改变了时空的形状。

一个解释所有力和所有粒子的理论——万物理论——可能与我们以前见过的任何理论截然不同，因为它需要解释时空和引力。但如果它真的存在，它应该能解释整个宇宙的物理运作，包括黑洞的核心，大爆炸以及遥远的未来宇宙。发现这一理论将是一个惊人的成就。

暗物质

　　暗物质是一个概念。宇宙的运行方式不能用我们所能看到的物质的数量来解释。我们所能看到的星系要再大上十倍才能解释它的运转情况。科学家们不知道还有可能存在着什么——他们什么也看不见——所以他们把缺失的部分称为暗物质。它可能是粒子，或非常小的暗淡的恒星，或黑洞——一些科学家认为暗物质可能是热的，一些科学家认为它可能是冷的。讨论和研究仍在继续。

马克斯·普朗克
(1858-1947)

  马克斯·普朗克是德国数学家、物理学家。他是一名出色的歌手，钢琴、管风琴和大提琴都演奏得不错，他本可以成为一名音乐家，但他决定成为一名科学家。他对热力学很感兴趣——物体是如何吸收和转化热能，并将其释放的。在他 1900 年发表的量子理论中，普朗克提出能量辐射或吸收的最小数值称为量子。1905 年，普朗克的研究使爱因斯坦独立提出了一个关于光的类似理论。马克斯·普朗克于 1918 年获得诺贝尔物理学奖。

宇宙大爆炸

想象一下，你正坐在早期宇宙内部（你显然不能坐在宇宙外部）。你必须非常坚韧，因为大爆炸内部的温度和压力非常高。那时候，我们今天看到的所有物质都被压缩到一个比原子小得多的区域里。

这只是大爆炸后1秒内的一小部分时间，所有的东西在各个方向看起来都是一样的。没有火球向外飞跑，取而代之的是一团热物质，填满了所有的空间。

这是什么物质？我们不能确定——它可能是一种我们今天看不到的粒子，它甚至可能是"弦"的小圈，但即使是在我们最大的粒子加速器中，它也一定是我们现在无法看到的"奇异"物质。

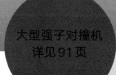

大型强子对撞机
详见91页

当大爆炸发生时，这团非常热的外来物质随着它所填充的空间变大而膨胀——各个方向的物质都从你身边流走，而这团物质的密度越来越小。物质离你越远，你和它之间的空间就越大，所以物质移动得越快。

实际上，最远的物质正在以比光速还快的速度远离你！

现在很多复杂的变化发生得非常快——都发生在大爆炸后的第1秒内。微小宇宙的膨胀使炽热的外来流体突然冷却下来，比如水遇冷即刻成冰。

早期宇宙仍然比原子小得多。流体中的某种变化引起惊人的膨胀速度。宇宙的大小翻了一倍，然后再翻一倍，再翻一倍，以此类推，直到它的大小翻倍了大约90次，从亚原子到人类的尺度都在增加。就像把床罩拉直一样，这种巨大的拉伸将物质中任何大的凸起拉平，这样我们最终看到的宇宙就会非常平滑，在各个方向上几乎是一样的。

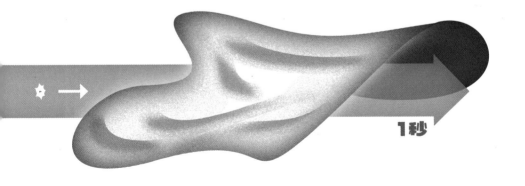

1秒

另一方面，流体中微小的涟漪也被拉伸，变得更明显，这些涟漪将会触发此后恒星和星系的形成。

暴胀突然结束，释放出大量的能量，产生大量的新粒子。外来物质已经消失了，取而代之的是更熟悉的粒子——包括夸克（质子和中子的组成粒子，尽管还因太热而无法形成）、反夸克、胶子（存在于夸克和反夸克之间）、光子（光的粒子）、电子和其他一些物理学家所知的粒子。也可能存在暗物质粒子，尽管这些粒子必须出现，但我们尚不清楚它们究竟是什么。

奇异物质去了哪里？其中一些在膨胀期间被抛到我们可能永远看不到的宇宙区域，当温度下降时，其中一些会衰变为不那么奇异的粒子。我们周围的物质所含的热量比以前减少了很多，密度也大大降低，但仍然比今天的任何地方（包括恒星内部）热得多，密度也大得多。宇宙中充满了一种炽热的、发光的雾（称为等离子体），它主要由夸克、反夸克和胶子构成。

膨胀仍在继续（比早期膨胀期间的速度要慢得多），最终温度下降到足以让夸克和反夸克以两三个为一组结合在一起，形成质子、中子和其他粒子，包括一种称为强子的粒子。当宇宙经历了一秒的寿命时，能够透过发光的雾状等离子体看到的东西仍然极少。

在接下来的几秒钟里，随着已产生的大部分物质和反物质相互碰撞湮灭，产生大量的新光子。雾状部分主要是质子、中子、电子、暗物质和（最重要的）光子，但带电的质子和电子阻止了光子的远距离传播，所以在这种膨胀和冷却的雾中能见度仍然很差。

当两个电子数目不同的粒子开始相互作用时，就会形成一种叫作离子键的东西，粒子就会带正电或负电。

当宇宙诞生几分钟后，剩下的质子和中子结合在一起形成原子核，主要是氢和氦。这些仍然是带电的，所以雾

反物质

反物质的粒子和构成普通物质的粒子是一样的，但它们的一切，包括它们的电荷，都是相反的。如果普通物质和反物质相遇，它们就会湮灭。

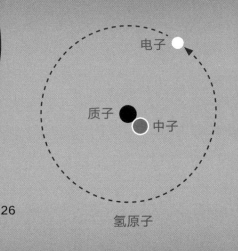

电子

质子 中子

氢原子

还是看不透的。在这一点上，这种雾蒙蒙的物质与今天在恒星内部所发现的物质并无不同，它充满了整个宇宙。

宇宙在最初几分钟疯狂动作之后，在接下来的几十万年中没有什么大动作，持续膨胀和冷却，随着光波长由于宇宙的膨胀而被拉长，热雾逐渐变稀、变暗和变红。

38万年后，当我们最终从地球上看到的宇宙部分已经发展到数百万光年之大时，雾终于消散了——电子被氢和氦原子核捕获，形成完整的原子。因为电子和原子核的电荷相互抵消，完整的原子不带电，所以光子现在可以不间断传播——宇宙变得透明了。

在雾中等了这么久，你看到了什么？只有向各个方向发出的逐渐减弱的红光，随着空间的膨胀，光子波长被继续拉长，这种红光会变得更红、更暗。最后，光完全看不见了，只剩下一片黑暗——我们进入了宇宙黑暗时代。

自那以来，最后一次发光的光子一直在宇宙中传播，并逐渐变得更红——如今，它们可以被探测到，被称为宇宙微波背景辐射（CMB），并且它们仍从天空的各个方向到达地球。

宇宙的黑暗时代持续了几亿年，在这期间几乎看不到任何东西。宇宙中仍然充满了物质，但几乎所有的物质都是暗物质，其余的是氢气和氦气，而这些都不能产生任何新的光。然而，黑暗中藏着悄无声息的变化。

微观涟漪被暴胀放大了，这意味着某些区域的质量略高于平均水平。这些区域的引力也更大，从而吸引更多的物质，已经存在的暗物质、氢气和氦气被拉得更近了。慢慢地，数百万年来，由于引力的增加，密集的暗物质和气体聚集在一起，通过吸引更多的物质逐渐增长，并且通过与其他物质的碰撞和聚合加速这种增长。当气体进入这些区域时，原子加速并变得更热。这种气体有时会变得过热，从而停止坍缩，除非它可以通过发射光子来降温或者通过与另一物质云的碰撞而被压缩。

如果气体云坍塌到一定程度，它就会分裂成密度极高的球状团块，以至于内部的热量无法散发出去——最终，当团块核心的氢原子核温度过高、被挤压在一起时，便开始聚合（意味着它们合并）成氦核并释放核能。你正处于某个坍缩的暗物质和气体中（因为这是地球所在的银河系所处的位置），当附近的第一个斑点爆裂时，明亮的光线打破周围的黑暗，这些是第一批诞生的恒星，黑暗时代结束了。

最初的恒星燃烧氢的速度很快，在最后阶段，它们会把能找到的任何原子核聚合在一起，形成比氢更重的原子：碳、氮、氧和其他更重的原子，这些原子今天就存在于我们周围（和我们自身）。这些原子在大爆炸中像灰烬一样被散落到附近的气体云中，并卷入下一代恒星的诞生过程中。这个过程还在继续——积聚的气体和灰烬会形成新的恒星，恒星死亡并产生更多的灰烬。

随着年轻恒星的诞生，我们熟悉的棒旋星系 —— 银河系就形成了。在可见的宇宙里，在类似的暗物质和气体中也发生了同样的事情。

太阳

大爆炸已经过去 90 亿年，现在它是一颗由氢气、氦气和死去的恒星灰烬组成的年轻恒星，行星环绕着它运行。

45亿年过去了，这颗恒星外的第三颗行星[1]可能仍然是已知宇宙中唯一一个适合人类生存的地方。人们将会看到恒星、气体云和尘埃、星系和宇宙微波背景辐射在天空中无处不在 —— 但不会看到暗物质，那里大部分物质都是暗物质。你也不可能看到那些特别遥远的部分，那些地方就连宇宙微波背景辐射光子也还没有到达。事实上，宇宙中可能有一部分地方的光永远不会到达我们的星球。

1　指地球。太阳系的八个大行星，按照离太阳的距离从近到远依次为水星、金星、地球、火星、木星、土星、天王星、海王星。——译注

宇宙的膨胀

天文学家爱德文·哈勃使用加利福尼亚威尔逊山上2.5米的望远镜研究夜空。他发现一些星云 —— 夜空中模糊的发光斑点 —— 实际上是星系，就像我们的银河系一样（尽管星系的大小可能大不相同），每个星云都含有数千亿颗恒星。他发现了一个惊人的事实：其他星系似乎正在远离我们，它们离我们越远，它们的视速度就越快。突然间，人类所知的宇宙变得越来越大。

宇宙仍在膨胀：星系之间的距离随时间而增加。我们把宇宙想象成一个气球的表面，在气球上画了一些斑点来代表星系。如果一个人吹气球，这些斑点或星系就会彼此远离。它们之间的距离越远，随之它们之间远离的速度也越快。

红移

太空中非常热的物体，比如恒星，会产生可见光，但是随着宇宙的不断膨胀，这些遥远的恒星和它们的星系正在远离地球。当它们的光在太空中向我们传播时，光线就会被拉伸——它传播得越远，就拉伸得越多。这种拉伸使可见光看起来更红——这就是所谓的宇宙红移。

早期的大气

地球的大气并不是一直如现在这样。如果回到 35 亿年前（大约地球形成 10 亿年时），我们将无法呼吸。

35 亿年前的大气不含氧。它主要由氮、氢、二氧化碳和甲烷组成，但具体的成分尚不清楚。然而，据我们所知，在那个时期发生了大规模的火山喷发，将蒸汽、二氧化碳、氨和硫化氢释放到大气中。硫化氢闻起来像臭鸡蛋的气味，大量使用时有毒。

今天，我们的大气由大约 78% 的氮气、21% 的氧气和 0.93% 的氩气组成。剩下的 0.07% 主要是二氧化碳（0.04%）以及氖、氦、甲烷、氪和氢的混合物。

生命是否来自火星？

布兰顿·卡特博士

宇宙和理论实验室　法国　巴黎天文台

我们所知的生命始于何时何地？
它是从地球起源的吗？
还是来自火星？

　　几个世纪以前，大多数人认为人类和其他物种自地球创生以来就一直存在。人们曾认为地球本质上就是整个物质世界，地球的诞生是一个相当突然的事件，正如今天大多数科学家认为大爆炸是突然事件那样。创世故事中有关于一次性创世的故事，比如《圣

34

经》第一卷《创世纪》里讲的故事，世界上其他文化中也有类似的故事。

尽管一些天文学家确实想到了浩瀚的太空，但直到伽利略（1564 — 1642）制造了有史以来第一个望远镜之后研究才真正开始。他的发现表明，宇宙中还有许多其他的世界，其中一些可能像我们的星球一样有人类居住。很久以后，也就是众所周知的启蒙运动时代，人们才开始普遍认识到宇宙的浩瀚，以及它形成远早于人类。18世纪有很多发明，比如氢气球和蒸汽机。这些发明引发了19世纪的技术革命和工业革命。

在那个创新的时代，通过对浅海沉积岩的研究，地质学家们认识到，这样的过程肯定不只持续了几千年或几百万年，而是数亿年——我们现在称之为数"十亿年"。

现代人类似乎在5万年前就从非洲来到了世界上的其他地方，但现代考古学已经相当清楚地表明，大约在6000年前，早期人类社会开始发展我们所说的"文明"——通过各种商品的交换而形成的经济体系。"交换"在任何文明中都是一个非常重要的因素，不仅是商品的交换，也是信息的交换。但是这些信息是如何储存和传播的呢？这就需要适当的记录设备。

当然，相对近期的文明发展依赖于所谓智慧生命的出现：具有足够的自我意识，能在镜子中认出自己的生物。在我们的星球上有几个已知的例子：大象和海豚，还有类人猿——包括黑猩猩和其他类人猿，尼安德特人以及像我们这样的现代人。到目前为止，在宇宙的其他地方还没有发现智慧生命的迹象。

现代地球物理学家认为，地球和我们的太阳系是在大约45亿到46亿年之前形成的，当时宇宙刚刚满90亿岁——宇宙现在大约有140亿岁了。

在石头上刻痕

在纸和墨水发明之前，人类最早用来记录信息的方法之一是在泥板上刻痕——这是现代计算机存储芯片的远祖。分享和收集知识，尤其是我们现在称之为科学的知识，本身就成为了一个目标。

1 000 000 000 年

=

10 亿年

大爆炸

140亿年前

地球上的智慧生命是如何形成的？

　　化石遗迹表明，现代动植物可能起源于早期地球上的其他生命形式，但人们无法理解，如果没有事先设计，各种物种为何能如此适应。直到查尔斯·达尔文在1859年出版的《物种起源》一书中解释了他称之为自然选择的适应原理之后，持续进化的观点才被普遍接受。然而，直到20世纪50年代末，我们发现了DNA结构，才有可能更加了解它实际的工作原理。

　　迄今为止，化石记录支持这种建立在DNA基础之上的现代进化过程。糟糕的是，这一记录的历史并不是很久远，甚至还不到10亿年，而这只是地球年龄的一小部分。

请翻到第50页，了解更多关于查尔斯·达尔文的自然选择学说。

我们的太阳系
形成于46亿年前

今天

地球诞生于
45亿年前

　　早在寒武纪之前，简单的生命形式就已经形成了。这是大约5300万年前的一个时期，是古生代的第一个时期。我们可以相当清楚地看到，在过去5亿年里，从早期生命进化而来的智慧生命是如何形成的（尽管没有明确的原因）。但是，关于寒武纪以前的生命是如何进化的，并没有相关的记录。

　　有一个问题是，直到寒武纪时期，容易形成化石的大型骨骼动物才出现。它们最大的祖先被认为是软体动物（像现代的水母）；更早以前，唯一的生命形式似乎是单细胞微生物。这些都未曾留下清晰的化石证据。

　　再往前追溯，很明显，进化一定是非常缓慢的，而且很难实现。即使环境适宜的行星在宇宙中相当普遍，但是在任何一颗行星上发生高级生命进化的概率也不会太高。这意味着进化只会在很小的一部分行星

原始原核生物

地球形成

45亿年前   冥古宙   太古宙

上发生。我们所处的这个星球肯定是罕见的例外之一，并且这个过程也不是一帆风顺的。天体物理学家进行了一项计算，被称为"日龄巧合"。这表明，在地球进化形成智慧生命的过程里，为太阳提供能量的大部分氢燃料储备已经耗尽。

那么，在已知的时间内，哪一个基本的进化步骤是最难实现的呢？

地球上最难的一步可能是真核生物的形成——细胞内有一个复杂的细胞核和核糖体结构。真核生物包括像我们这样的大型多细胞动物以及像变形虫这样的单

如果我们的进化再稍微慢一点，那么在太阳烧尽之前，我们永远都不会存在于此！

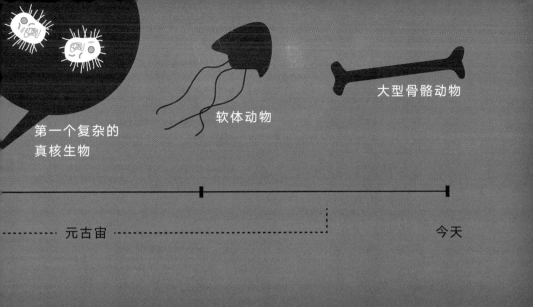

第一个复杂的
真核生物

软体动物

大型骨骼动物

元古宙

今天

细胞物种。化石记录显示，地球上最早的真核生物出现在距今约20亿年前的元古宙初期，当时地球的年龄只有现在的一半左右。现在认为，在这个时期之前，更原始的原核生命形式广泛存在，如细菌（细胞太小而不能容纳细胞核）。这就是我们所知道的太古宙时期，它开始于地球年龄不到10亿岁之前。

有证据表明这种原始生命存在于太古宙形成之初——所以我们现在面临着一个难题：生命真正起源的整个过程一定发生在前一个时代。太古宙文明之前的时代被称为冥古宙——地球历史上最早的时代。

为什么这是一个难题？好吧，冥古宙的时间确实够长了——差不多有10亿年——但是在那个时候地球上的条件简直就是地狱，就像它的名字所暗示的那样（"冥府"指古希腊神话中的地狱）。当时，太阳系形成过程中遗留下来的碎片撞击月球，在月球上形成了环形山。而地球，由于其更大的质量和引力，在那个时候会遭受更严重的撞击。这种撞击会导致我们的地球环境频繁升温。刚开始形成的生命形式很难避免被扼杀在萌芽状态的命运。

然而，火星的质量相对来说更小，而且离太阳更远，所以最近有人提出，火星遭受的撞击可能比地球遭受的撞击更快地平复下来。大块的碎片也可能经常从火星上被撞击下来，随后在某种情况下被地球接收到。这意味着生命可能起源于火星——在地球上出现生命之前。

通过电子显微镜对火星陨石（火星陨石ALH 84001）进行分析，发现其结构类似微生物化石。这证明了生物化石可能是从火星到达地球的。但这仍然不能够解释当时在地球上出现的生命，除非是鲜活的生命有机体能够在流星雨带来的迁徙中幸存下来，而不仅仅是化石。这是一个目前尚在热烈讨论的问题。

一个更有趣的问题是，那时火星上的环境是否真的适合原始生命的存在。

现在火星上的环境条件显然是不利于生命存在的，至少火星表面不适合——寒冷干燥的沙漠，除了少量的二氧化碳外几乎没有任何大气。然而，登陆火星的探测器已经证实，在火星两极有相当数量的冷冻水。此外，还有许多可观察到的特征，如河流侵蚀和海岸浪潮的冲刷。这意味着，火星在过去的某个阶段，一定存在大量的液态水 —— 这正是生命起源所需要的东西。早期，水可能形成了海洋。最初它可能有几千米深，它的中心在现在的火星北极附近。

所以生命可能起源于这片海洋的边缘，这为我们指明了追溯火星历史的道路。

反对

这一理论存在一些异议。一说是大气中不含氧气。然而，地球上的原始生命形式被认为是能够在极度缺氧的大气中生存的，所以这可能并不是至关重要的原因。

另一个反对意见是，对于已知的陆地生命来说，古代火星海洋的含盐量过高。但也许火星生命最初就适应了非常咸的环境，又或者是在淡水湖中发展起来的呢？

因此，生命很可能起源于火星——起源于那里一个巨大的海洋边缘，然后搭乘一颗流星来到地球。因此，我们的终极祖先实际上可能是火星人！

伽利略·伽利雷
(1564-1642)

伽利略是意大利数学家、物理学家和天文学家。他出生于意大利比萨附近，后来随家人搬到了佛罗伦萨。他起初学医，后来转到数学和哲学。当他18岁的时候，他注意到比萨大教堂的一个枝形吊灯在摆动，而且无论摆多远，每一次摆动的时间都是一样的。这一发现促使他改进时钟的摆锤。有一个故事讲的是他如何从比萨斜塔上扔石头，然后发现不管石头的大小和重量如何，它们的速度（直线下落的速度）都是一样的。伽利略发明了一种早期的温度计。他还改进了荷兰的一项发明，制成了能把物体放大32倍的望远镜。在此基础上，他进行了许多重要的天文观测并取得许多重大发现。

詹姆斯·沃森（1928—）
和
弗朗西斯·克里克
（1916—2004）

美国科学家詹姆斯·沃森和英国科学家弗朗西斯·克里克是在剑桥大学桥卡文迪什实验室共事的生物学家。他们对 DNA 很感兴趣，DNA 是一种包含遗传信息的物质，在活的生物细胞中传递。他们利用莫里斯·威尔金斯和罗莎琳德·富兰克林的研究成果，发现了 DNA 的双螺旋结构。沃森、克里克和威尔金斯在 1962 年共同获得了诺贝尔生理学或医学奖。遗憾的是，尽管罗莎琳德·富兰克林在 DNA 方面的工作至关重要，但她在 1958 年去世了，因此没有获得诺贝尔奖。

生命是如何起源？

米勒-尤列实验

1953年，美国科学家史坦利·米勒和哈罗德·尤列正在研究地球上生命的起源。他们相信生命的组成成分可能完全来自于地球早期大气。

那时，科学家们对早期大气中可能含有的化合物有一个猜想。他们知道那时闪电很频繁，因此米勒和尤列进行了一项实验，他们用电火花（模拟闪电）来刺激这些化合物。令人惊讶的是，他们创造了特殊的有机化合物。

有机化合物分子含有碳和氢。其中一些分子，比如氨基酸，是生命所必需的。米勒和尤列的实验产生了氨基酸，这给科学界带来了希望：在实验室里创造出生命是可能的。

然而，在米勒-尤列实验60多年后的今天，在实验室里创造生命仍未实现，我们仍然不知道地球上的生命是如何出现的。但是，我们已经能够在特殊的环境下，模拟很久以前地球上的环境，创造出越来越多的构成生命的基本化学物质。

史坦利·米勒
(1930 — 2007)
和
哈罗德·尤列
(1893 — 1981)

史坦利·米勒是一位美国化学家，他跟随哥哥来到加州大学伯克利分校，和哥哥一样选择了化学专业，他认为哥哥能够帮助他。1954 年，他获得了博士学位，并在加州理工学院当了一年的研究员，然后在纽约哥伦比亚大学待了 5 年，之后在加州大学圣地亚哥分校度过了他的职业生涯。

哈罗德·尤列是一位美国化学家，他因发现氘（也称重氢）而于 1934 年获得诺贝尔化学奖。他还是哥伦比亚大学原子弹研究项目的主任。

米勒听了尤列关于太阳系起源，以及在一定的条件下，早期生命是如何发生的演讲，他深受鼓舞，于是去找尤列讨论一个研究项目。经过多次劝说，尤列同意与米勒合作，研究气体中的放电现象，从而深入了解氨基酸是如何在早期地球上出现的。米勒写了一篇关于他的实验的文章，在写完后的 3 个月内就发表了。

生命史

麦克·里斯教授
伦敦大学学院教育学院

当我们环顾周围的动物和植物时，生命的多样性令人惊讶。即使是在繁忙的城市，遛个弯儿都能让我们接触到几十种不同的物种，从我们几乎看不见的昆虫，到树木和大型动物，如鸟类和哺乳动物。在农村，即使是一小片森林、草地或沼泽，也有成千上万的物种。

我们仍然无法断言世界上有多少物种。到目前为止，科学家们已经仔细鉴定、描述、分类和命名了大约120万个物种，但总数远不止这些。目前最准确的估计是八九百万物种，但还有一些生物学家认为实际总量可能比这个数字要高得多。这意味着地球上绝大多数的物种还没有被命名。它们可能会灭绝，而我们甚至不会注意到！

这些物种从何而来？这是一个人类经常会问的问题。世界上许多宗教都给出过答案。他们认为上帝创造生命。然而，这个答案对科学家来说是不行的。即使上帝创造了物种，我们也想知道是在什么时候、怎样被创造出来的！

19世纪，查尔斯·达尔文给出了我们至今仍认为正确的答案。

达尔文意识到，正如农民可以通过选择某些个体来繁殖下一代，以培育农场新物种一样，大自然也可以通过他所说的"自然选择"来培育新品种。例如，假设有些地方的植物主要产生小种子，另一些地方植物主要生产大种子，这两个地方都生活着以种子为食的鸟类，同时假设鸟喙的大小不可避免地会有一些变化，而鸟喙的大小还有一部分取决于其父母喙的大小，因此，喙小的鸟往往会繁殖喙小的后代，而喙大

51

查尔斯·达尔文
(1809 — 1882)

查尔斯·达尔文是一位著名医生的儿子。他在爱丁堡学医，后来决定在学习生物学的同时成为一名牧师。在他成为一名神职人员之前，他被任命为"绅士博物学家"，登上了一艘名为"贝格尔号"（HMS Beagle）的海军测量船，这艘船将进行环球航行——这使得他有机会调研许多不同地方的植物、动物和地质构造。这次航行从1831年持续到1836年，达尔文收集了许多标本，并进行了许多观察，这些观察影响了他的一生。

达尔文生活富足，婚姻幸福美满。他和妻子艾玛雇佣了仆人，他的妻子管理家务。达尔文则有时间去完成他的科学工作，尽管他和艾玛有10个孩子，这些孩子大多喜欢冲进他们父亲的书房，试图让他陪他们一起玩耍。

的鸟产生的后代通常也有着大的鸟喙。

　　这样看来，似乎没有什么令人惊讶的。但是达尔文意识到，如果鸟喙的大小对鸟的生存和繁殖很重要——例如，有时食物短缺——那么自然选择就会逐渐导致鸟喙大小有所变化。随着时间的推移，住在有大种子植物的地方的鸟会有大喙，而住在有小种子植物的地方的鸟会进化出小喙。倘若时间充足，那么原来的单一鸟类可能会进化成两个新物种，每一个物种都能够很好地适应它的食物源。

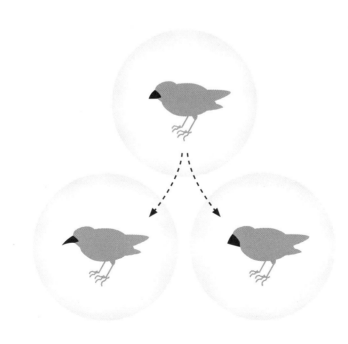

1859年，达尔文在一本名为《物种起源》的书中发表了他的理论。完整的书名是《论借助自然选择（即在生存斗争中保存优良族）的方法的物种起源》——维多利亚女王时代的人喜欢冗长的书名。这是有史以来最重要的科学著作之一，它改变了我们看待世界的方式，至今从未绝版。这是一部很厚重的书，但仍然非常值得一读。

达尔文是第一个承认他的理论不能解释一切的人。尤其是无法解释第一个物种的起源。毕竟，他的理论也许能够解释物种是如何随着时间的推移而变化并进化成新物种的，但它并没有说明整个过程是如何进行的。

达尔文是个奇才。事实上，他不是一般的天才，他完全是一个旷世奇才。他提出的关于最早物种起源的初步答案与今天许多科学家们所认知的情况大致相同。1871年2月1日，达尔文写信给他的科学家朋友约瑟夫·胡克：

人们常说，现在已经具备了生命有机体最初产生的所有条件，而这些条件可能本来就一直存在。——但是，如果（哦，这真是一个大大的假设）我们可以设想，把铵盐和磷酸盐放在温暖的小池塘中，在光、热、电等的作用下，就会形成有可能变成原始生命的蛋白质。在现在这样的环境下，蛋白质一旦形成就会被生物吃掉或吸收，但是在生命诞生之前，那就是另一回事了。

我们仍然不确定生命是如何诞生的。它很可能就像达尔文说的那样，在一个或多个"温暖的小池塘"里诞生，但是一旦生命形成了，就不会终止。随着数百万年时光的流逝，地球表面逐渐被越来越多的生命所覆盖。物种变得更强大更耐寒。

它们占领了这片土地，并飞上了天空。最终，在这个过程开始30亿到40亿年后，我们有了鲸、蜂鸟、巨大的红杉树、美丽的兰花以及其他的八九百万种物种，包括我们人类。

我们还在继续找寻新物种。也许有一天，你会发现自己也踏上了探索我们这个奇妙地球的旅程，成为发现某个新物种的第一人！

遗传学

阿马尔·阿尔沙拉比教授

神经病学和复杂疾病遗传学教授

你的头发是棕色的吗？或许是黑色、姜黄色、金色或者其他颜色？你可能和你家里其他人的发色一致。那你会卷舌吗？不是每个人都能做到，即使他们非常努力。还有你的手指——你家里有人手指背部长毛吗？有些人长，有些人不长毛——你可能需要仔细观察才能发现。那么，你的身体是如何知道你的头发应该是什么颜色，或者你是否应该会卷舌，又或者是否应该让你手指背部长毛呢？答案是所有这些东西都是由你身体里每个细胞中携带的指令控制的，这些指令被称为基因。基因告诉你的身体应该如何组成自身的每一部分，如何自我修复，应该有多高，应该有多少根手指——事实上，它几乎控制着你能想到的任何东西，就像烹饪书里如何做菜一样详细。你可以把每个基因想象成烹饪书里的一页，清清楚楚写着如何组成你身体的每一部分。

我们的基因来自父母。烹饪书里用来"做"你的那些页是从你父母那里抄来的。虽然每个人的烹饪书里都有相同身体部位的具体配方，但这些配方并不完全相同。例如，基因谱上关于头发颜色可能会用黑色，也可能会用姜黄色。如果你有黑头发的基因，你就会有黑头发；如果你有姜黄色头发的基因，你就会有姜黄色头发。这就是为什么我们每个人都有一点点的不同，但我们看起来都像人类。有时，基因配方可能会丢失一些重要的东西，或者它可能会有一些重大改变。想象一下草莓和奶油的配方。如果说用稻草代替草莓，你可能不会想吃它。如果这样的大错误发生在基因配方上，就会出现问题，使人生病。又或者，如果它说用浆果代替草莓，那么它可能是好的改变，甚至可能比原来更好。

基因是什么样子的？看看你能不能找到一些棉线。如果你的视力相当敏锐，那么你可能会注意到它实际上是两根线缠绕在一起的。你可以试着把它解开，让它看上去更加分明。DNA的结构正如这种特殊的双绞线，DNA上携带着基因。现在想象一下这根线变得越来越大，直到它有绳梯那么大。在这个绳梯上有很多横档——实际上有30亿个。数量如此之多，足

《基因烹饪书》是一部大部头的书。超过20 000页，但那是因为"做"一个你是一件非常复杂的事情！

够这个绳梯往返月球两次，或者绕地球40圈。记住，这个绳梯是你身体的烹饪书，它这么长是因为有那么多配方。

并不是所有的横档都是一样的。它们有四种不同的类型，我们用字母来命名：G、A、T和C。你的身体用这四个字母来书写基因配方，并在横档上拼写出来。

所以，如果你爬上绳梯，横档上写着GATTCCCTGGACC，对你来说它可能只是一些字母，但实际上它是一个密码。你的身体可以很轻易地阅读并理解写在横档的代码。我们只破解了一小部分遗传密码。即使只知道这些，也足以使医生研制出新型药物。

你的身体是由数万亿个细胞组成的。每一个都需要一份长长的写在绳梯上的基因配方。现在，让我们把梯子缩回来，直到它又变成一根线的大小，然后再继续收缩，直到它薄到你看不见为止。即使在这个尺度上，它仍然有2米长！要挤进一个细胞内还是太长了，所以你的身体会把微小的DNA绳梯紧紧地缠绕在一起。现在它大小合适啦！如果你把你身体里所有微小的DNA绳梯都伸展开来，把它们首尾相连，它们的长度将是太阳系的2倍！

你的身体是如何从你的基因中读取配方的

G

C

A

T

呢？极微小的机器解开含有所需基因配方的DNA链。这些机器不是人造的，而是由你的身体根据基因配方制成的！这些机器知道如何读取遗传密码，也知道字母顺序的含义。它们可以按照DNA横档上的说明进行操作，制造出构成你身体所需的不同部位。

所以，如何"做"你的这本烹饪书实际上包含了超过20 000个基因。一个叫作DNA的绳梯上书写着基因密码，它紧紧盘绕并储存在你身体的每个细胞中，你的配方和世界上任何人的都不一样。

你是
独一无
二的！

第二章

地球上
有什么？

地球：
由什么组成

地球是离太阳第三近的行星。

液态水占地球表面的70.8%，其余部分分为七个大洲，分别是亚洲（占地球总陆地面积的29.5%）、非洲（20.5%）、北美洲（16.5%）、南美洲（12%）、南极洲（9%）、欧洲（7%）和大洋洲（5.5%）。这个大洲的定义主要是从历史和文化上划分，例如并没有广阔的水域把亚洲和欧洲分开。从地理上讲，只有四个大陆没有被水域隔开：欧亚-非洲大陆（占地球总陆地面积的57%）、美洲大陆（28.5%）、南极大陆（9%）和澳大利亚大陆（5%）。剩下的0.5%是由岛屿组成的，大部分分散在大洋洲中部和南太平洋。

地球到太阳的平均距离：9 300万英里（1.496亿千米）。

太阳

水星

金星

地球

你知道吗？

　　地球上的一天形成的昼夜周期即日出日落被划分为 24 小时，但实际上地球自转一周需要 23 小时 56 分 4 秒，相差 3 分 56 秒。

　　一个地球年是指地球绕太阳公转一周的时间。它在时间上可能会有微小的变动，但大约是 365.25 天。

　　到目前为止，地球是宇宙中唯一已知的有生命存在的行星。

地球上的"白天"有多长时间？

北半球夏至日

为什么冬天的白天比夏天的白天短？

这是因为地球在绕太阳公转的过程中是倾斜的。如果地球在整个轨道运行过程中保持直立，那么一年中每一天的昼夜长短将完全相同。地球自转的时候倾斜23.5°绕太阳公转，这意味着在其轨道的某一点上，北极和北极圈区域相对于太阳倾斜角度太大，以至于它们完全接收不到太阳光。

在北半球，这发生在12月20日至12月23日之间，也被称为冬至。

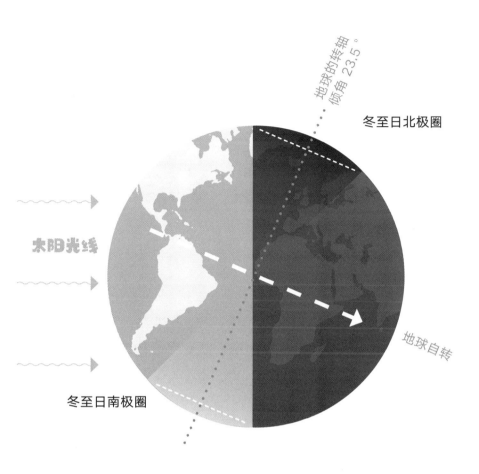

与此同时，在南半球，南极整日24小时都有太阳光照射，处于极昼。

随着地球绕太阳公转，其自身的倾斜会改变接收阳光的区域，直到情况完全相反。夏至时（6月20日至6月22日之间），北极24小时都是白天，而南极则完全是黑夜。世界上两极之间的其他地方接收到不同数量的阳光，白天变长或缩短。

古迪洛克带

你还记得《金发姑娘和三只熊》的故事吗？金发姑娘是一个不喜欢极端的小女孩，太硬、太软、太热、太冷——这些都不适合她。她喜欢一切刚刚好。

我们的地球就"刚刚好"。我们从太阳那里得到光，使我们升温，但不会多到使大气蒸发，也不会少到使地球成为一片没有生命存在的冰冻沙漠。

水在0°C（32°F）时冻结，在100°C（212°F）时沸腾，在此之间呈液态。水是生命所必需的，因为它可以做很多事情。它可以溶解、混合和传播化学物质，使它们可以通过许多不同的方式进行改造，其中就包括构成生命的基础物质蛋白质和DNA。

有四颗岩质行星围绕着我们的太阳运行——水星、金星、地球和火星。只有地球上有液态水和生命——只有地球位于古迪洛克带。

科学家们已经在我们的银河系中发现了数千颗环绕恒星的岩质行星，他们估计还存在更多的岩质行星——至少有 1 000 亿颗。他们对"古迪洛克带"中的行星非常感兴趣——一颗行星与这颗行星的"太阳"之间的距离适中,使得该行星上的温度允许液态水(可能还有生命)的存在。

如果你愿意,你也可以将绕恒星运行、其温度"刚刚好"的行星区域称为"绕恒星适居带",即适居带(CHZ)。

地球海洋

罗斯·瑞克白教授

牛津大学地球科学系

　　地球——我们的蓝色星球——在我们的太阳系中是一个例外，因为它几乎四分之三的表面都被海洋所覆盖，但是为什么海洋存在于此呢？有趣的是，地球上的海洋来自外太空。当地球形成的时候，温度太高，水无法在地球上凝结。正如高山在"雪线"上方有雪白的山顶一样，随着高度增加，大气温度降低使得积雪能够继续存在，同样，在离炽热的早期太阳很远的雪线上方也存在一定的冷却梯度。

　　只有在太阳系很远的地方，温度才能低到足以形成冰粒的程度，即火星和木星之间的小行星带以外。

因此，地球上的海洋一定是外来的：许多人认为这是彗星或来自小行星带的富含水分的陨石撞击早期地球而产生的。

从那时起，这些外星水分子既没有被创造也没有被消灭！在随后的 38 亿年里（液态水的第一个证据来自格陵兰岛西南部发现的当代沉积物），我们的海洋被困在地球表面，并于此在两个循环系统内循环。

第一个循环，热带地区温暖的太阳致使部分海洋蒸发变成水蒸气（就像你看到的从沸腾的水壶或蒸汽机中冒出的水蒸气一样）形成云。水蒸气凝聚成水滴，形成了雨，降落到陆地上，流入小溪和江河，然后又流回海洋。

第二个循环，少量水通过洋壳中的深海沟渗入地球内部。这些水通过火山或深海热液喷口迅速返回地面。

所以家里水龙头里流出来的水分子见证了地球历史的每分每秒，从自我繁殖的生命开始到多细胞生物的出现。这些水分子很有可能曾在某一时刻穿过了恐龙的身体。

你可能正在用一只口渴的霸王龙喝下去又尿出来的水泡茶！

水，水

水之所以如此特别，海洋之所以对生命如此重要，是因为它溶解物质的能力。在一杯水里放点盐，或者在茶里放点糖，这些晶体就会消失或溶解。这是因为水分子的微电性或"极性"吸引元素进入溶液。

一个水分子有两个氢原子和一个氧原子——化学家把水分子化学式写作 H_2O。

一个氢原子带轻微正电荷，一个氧原子带轻微负电荷，但它比氢原子的电荷强。这意味着每个水分子都有一个正极和一个负极，这被称为"极性分子"。

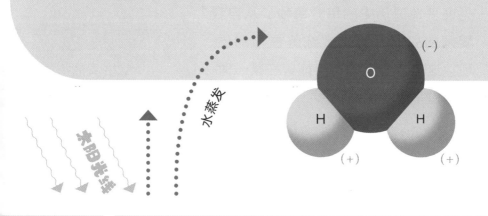

海底黑烟柱

沉积物

如果水通过与二氧化碳之类的物质反应生成碳酸，变得有点酸之后会更容易溶解物质。当水循环把水从海洋带到云层，然后变成雨，最后落入河流，水与大气中的二氧化碳发生反应，变得有点酸性。结果，这些溶解了二氧化碳的雨水将土壤中的元素溶解（这被称为侵蚀或风化），并将它们带入河流，这些元素最终流入海洋。你见过红褐色的河流吗？那是因为水里溶解了岩石中的铁元素。

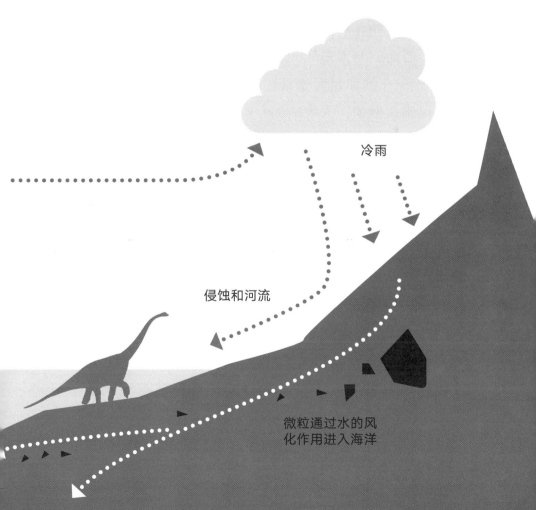

冷雨

侵蚀和河流

微粒通过水的风化作用进入海洋

喝一口气泡水（这些气泡其实是二氧化碳），看看你能否尝到一点微酸的味道。这就是酸度。我的两个儿子都因此皱鼻子。

海洋里汇聚了所有从陆地上溶解的元素（以及从深海海底热液喷口喷出的元素，比如壮观的海底黑色烟柱）。但是，只有水分子本身不断地回到云中——这些元素则被留了下来。有些元素在海洋中汇聚浓缩又重新变成矿物质，并以沉积物的形式落到海底，尤其是石灰岩（碳酸钙）和燧石（二氧化硅），这一过程限制了这些元素在海洋中的浓度。

然而，与大多数元素不同的是——作为盐的两种成分——钠和氯元素只在特殊情况下偶尔从海洋中释放出来。例如，大约600万年前，地壳运动导致整个地中海与大西洋隔绝，留下了大量的盐沉积，整个地中海干涸成一个水坑。钠和氯缺乏连续的自然释放，以致海洋总是咸的。

水对陆地的风化作用是生命能够出现并留在地球上的原因：它充当了地球的自动调温器。风化的速度取决于地球的温度。因此，如果由于某种原因温度升高——例如，由于太阳光照的增加，或者地球上大气层中的二氧化碳（使地球变暖的温室气体）增加了——使陆地上的岩石溶解得更快。这就会导致包括碳在内的各种元素涌入海洋，进而加速沉积物的形

酸和碱

酸和碱具有相反的化学性质。在酸中加入碱会中和酸，在碱中加入酸会中和碱。

酸是一种溶于水的化学物质。许多酸能溶解金属。弱酸尝起来有酸味，但强酸是危险的。

碱是一种化合物——化学物质混合体。强碱溶于水，会放出大量热量并且具有腐蚀性。

成。这一过程将额外的二氧化碳锁定在石灰岩中，从而使地球恢复到以前的状态，并阻止一切变得过热。

虽然风化作用保持了有利于生命出现的温度，但我们不知道，也许永远都不知道地球上生命是从哪里起源的（对你来说是一个挑战！）。像伟大的生物学家达尔文所说的那样，在某个"温暖的小池塘"里，还是在海洋深处？无论如何，我们可以肯定一件事，那就是生命的起源和进化依赖于水。元素被牢牢地束缚在地壳的岩石中，但是海洋是所有这些可高度利用的岩石元素（和有机分子）的水状混合物，它们可以自由扩散和反应。这

想一想
你认为风化作用是如何阻止地球完全冻结的？

73

是生命起源的关键。

许多科学家认为，更深的海洋很可能为生命最初的萌芽提供了一个安全的避风港——早期地球的表面环境本来就更恶劣。而在海底，有害的辐射被过滤掉了。海洋还能缓冲极端的温度，保护生命的发展，使其免受陨石的撞击和强烈火山喷发的影响。

从并不确定的大约27亿年前的生命起源说起，科学家们认为，几乎可以肯定，生命的前20亿年是在海洋中度过的，环境促使生命变得越来越复杂。微生物日益成功地产生了更多的化学副产物（特别是大气中的氧气），其中大多数最初是有毒的。因此，为了更好地控制内部化学反应，简单的细胞被分隔开来（这些细胞被称为真核生物），并最终以许多不同的形式出现。

多细胞生物的出现与最壮观的生命发明——骨架生物的出现相吻合。在5.4亿年前的"寒武纪生命大爆发"时期，生物化石记录显示了从模模糊糊的印记到各种坚固而复杂的壳化石的变化，这些化石无疑是复杂的有机体形成的。（事实上，达尔文误以为这次大爆发是生命的开端。）

寒武纪时期

科学家将已知的地球历史划分为若干地质时代，称为时代和时期。寒武纪时期大约从 5.9 亿年前持续到大约 5.34 亿年前。

海洋里溶解并聚集了大量的矿物质，因而更易形成类似贝壳这样的硬物。就像有角的恐龙在暴龙日益凶猛的攻击下进化出更加精细的纹饰一样，这些最初的"生物矿物"也为海洋生物提供了装甲，可以抵御外力、毒物和捕食者。

骨骼——贝壳和骨头——为初踏陆地的生物提供了硬性支撑！

地球历史上，气候恒温器一直在酸度（二氧化碳）和碱度（海洋中溶解的离子）之间保持平衡。只要存在海洋，它们就始终呈弱碱性——这非常适合骨骼的形成。

但是我们——包括我们的后代——面临着一个日益严重的问题。

世界人口不断增长以及我们对化石燃料的渴求，正以前所未有的速度向海洋中添加二氧化碳，因而增加了海洋的酸性。再过100万年左右，地球陆地的风化作用将充分加速，从而开始中和掉排放到海水中的大量二氧化碳，但这种风化作用是自然而缓慢的。在此期间，海洋的碱性会有所减弱，饱和程度有所降低。这个过程通常被称为海洋酸化。"海洋轻微去碱化"是一个更准确的描述，尽管不那么吸引眼球！

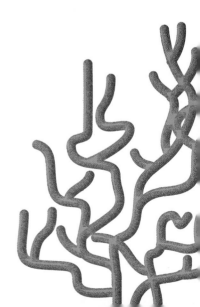

把陆地想成是一种治疗消化不良的药物或是海洋的"解酸剂"！

比如珊瑚礁这样易受影响的生物，将会越来越不容易成型。这将对整个海洋生态系统产生巨大的影响。除非生物能够适应——而且要快速适应！

一些科学家认为，我们应该通过"地球工程"来中和二氧化碳，从而干预全球变暖和酸化。其中可能包括控制土地风化，将更多的碱性元素释放到海洋中。

但我们真的应该在地球上开展另一个全球范围的实验吗？

你认为呢？

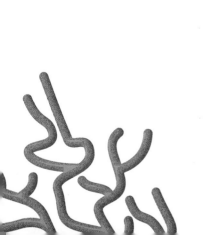

……不仅仅是一滴饮用水！

地球上仅1升水就含有大约 3×10^{25} 个分子！但是1升水看起来并不像一堆粒子——它似乎是一种连续的物质，可以以固体、液体或气体的形式存在，其存在形式取决于温度和压力。温度加至足够热，水就会沸腾，变成水蒸气；温度降到足够低，它就会结成冰。

这是水的正常变化，我们很容易观察到这一现象。但是为什么这 3×10^{25} 个分子都有相同的行为呢？没有反叛分子？

19世纪的奥地利物理学家路德维希·玻尔兹曼用数学方法解释了大量分子的特定行为模式。因为，尽管许多分子实际上完全是随机运动的（每个分子各自独立运动），但其中个别分子行为可以忽略不计，从而产生一种平均水平的整体行为。在1升水中，一小部分分子可能会随机地、短暂地偏离这一平均值，但这一小部分分子多到足以使我们所认为的水的正常行为发生显著变化的可能性是非常小的。

但是，如果让水永远静止不动，那么最终将会发生较大的随机波动——例如，所有分子可能会在短时间内朝同一方向运动。发生这种情况的概率非常非常低，所以如果你把1升水装在水壶里，别指望它会突然跳出来。但是，如果你永远把它放置在那里，那么这种波动最终会发生——而且会发生无数次。

这对宇宙来说意味着什么？

宇宙始于138亿年前的大爆炸，并以越来越快的速度持续膨胀。

如果我们把同样的原理应用于宇宙，那么我们可以看到一个包含无数次所有可能的随机波动，并一直持续的宇宙。这意味着，我们如今这个宇宙的完美副本（毕竟是粒子的完美排列）最终会随机出现在其他地方。

我们宇宙的副本显然包括所有人类大脑的副本，还有他们所有的记忆！但是，创造这些东西比创造一个独立运作的大脑要困难得多，所以这些随机波动大概率会频繁创造包含记忆的单一大脑，而非全人类或地球的副本。

路德维希 · 玻尔兹曼 (1844 — 1906)

　　路德维希·玻尔兹曼，奥地利物理学家和哲学家，他对气体的工作原理很感兴趣。在他的整个工作生涯中，他遇到了一个问题——他认可原子和分子的存在，并且他的许多工作都依赖于此，然而，当时有许多科学家认为原子和分子是无稽之谈。当玻尔兹曼建议他们将原子视为模型或图景时，他们压根儿不听。可怜的玻尔兹曼花了大量的时间捍卫自己的想法和提议，使之免受这些科学家的攻击。

地球火山、太阳系及系外火山

泰麦森·马瑟教授
牛津大学地球科学系

　　要想在一个星球上看到火山，需要有一个热源和一些可熔化的东西。在地球上，热源是它的内部热量（主要来自其诞生以及岩石中持续进行的放射性衰变遗留的热量）。"可熔化的东西"是指地球的岩石地幔，这是我们赖以生存的薄地壳下的一层岩石。它主要是固体，但又热得足以缓慢流动或蠕变，有点像那种非常黏稠的液体。越往地心深处温度越高，温度从几百摄氏度（大约和烤箱一样热，或者比烤箱温度还要高一点）到熔融核心外部边缘超过4 000°C（相比之下，太阳的表面温度约为5 500°C。压力也会随着你深入地球内部而增加，就像你潜入游泳池底部时，感觉

参观火山

想象一下参观一座喷发
的火山是什么感受。也许你
已经见过了？

当火山熔岩从地球内部涌出时，
地面会因微小的地震而震动，当火山
气体奋力逃逸时，地面会发出嗡嗡声。
轰隆隆的爆炸声震动着你的身体和耳朵。
酸性气体刺痛你的眼睛和鼻孔，甚至你的皮
肤和汗水也有了硫磺味（闻起来像臭鸡蛋和火
柴的气味）。

炽热的岩石飞向高空，冷却并坠落地面时变成黑
色。其中一些堆积成碎石火山堆，另一些则顺着岩浆流
蜿蜒而下，冒着烟还叮叮当当响个不停。这就是我2006
年在西西里岛参观埃特纳火山时的感受。这实际上是一次小
规模的喷发（否则靠这么近就不安全了！）但即使是对于研究
火山的科学家（火山学家）来说，也是令人叹为观止的。

地球各层

　　我们的星球——地球，是由几层组成的。在最中心的是内核，可能是固体的；内核的周围是外核，可能是液体的；再向外是地幔，它是由熔融岩石构成的；地幔之上是地壳，地壳被陆地和海洋覆盖。地壳分为几个大的部分，称为地壳构造板块。地壳周围是大气。

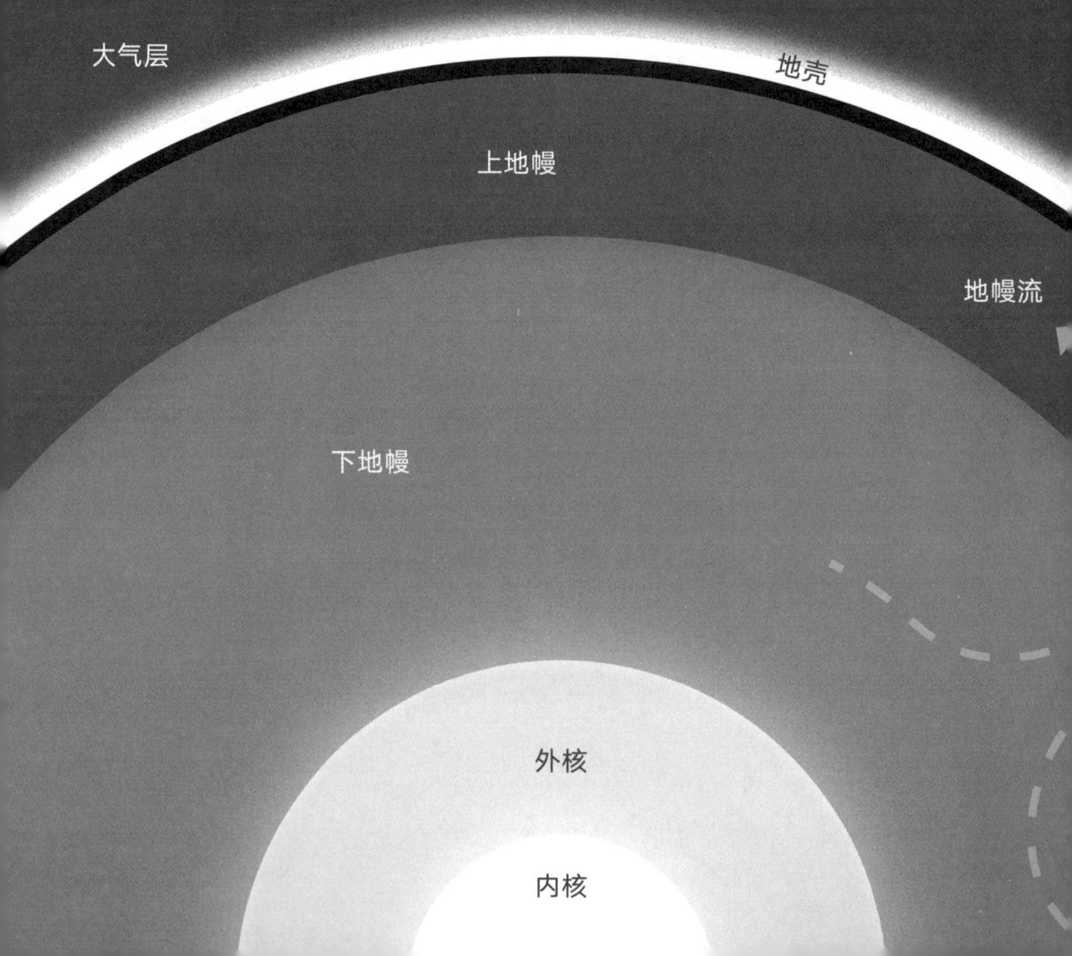

大气层

地壳

上地幔

地幔流

下地幔

外核

内核

压力增大一样。

　　因此地幔已经很热了，但它是固体。在地球上，大自然有两种方式来熔化它。在某些地方，比如冰岛，那里的地壳板块彼此分离，或者在夏威夷的地下，那里又深又热的地幔像熔岩灯一样慢慢地向上流动，地幔上的压力就会减小。这使得地幔的熔点下降。

　　在其他地方，如日本和印度尼西亚的地下，添加物质到地幔中使其融化，就像冬天我们在马路和人行道上撒盐来融冰一样。这发生在"俯冲带"，两个地壳构造板块挤压在一起，一个板块下沉到另一个板块之下，进入地幔，将水和其他物质释放到上方的地幔岩石中。

你知道吗？在高山上，由于压力减小，水在较低的温度下就能烧开。

过热点

摩擦和化学反应产生的热量

海洋

地幔流

地壳构造板块

当地幔熔化时，会产生一种叫作岩浆的液态岩石。这种岩浆的密度比周围岩石的密度小，因此它会向地表移动。这个过程可能相对较快，尤其是在地壳较薄的海洋下面；或者可能需要更长的时间，尤其是在地壳较厚的地方，比如在大陆上。这段过程持续的时间越长，岩浆冷却和变化的时间就越多，就会变得越来越黏稠。

但是，是什么导致岩浆从地下喷发出来，而不是像甜甜圈里的果酱那样渗出来呢？因为岩浆中溶解有水蒸气和二氧化碳等气体，随着岩浆上升，压力下降，气体无法保持溶解状态，于是形成气泡。随着它们的进一步上升，这些气泡会变得越来越大，直到它们到达表面，有时还会爆炸。

当你快速打开一瓶可乐时，也会发生类似的情况，尤其是当有人先"好心"摇了摇可乐瓶时，黏稠的岩浆更容易捕获气泡。这就是某些火山喷发比其他火山喷发更具爆炸性的原因之一。

以上是我们对地球上大多数火山活动的解释，但是地球并不是我们太阳系中唯一拥有火山的地方。晴朗的夜晚，你可以看到月亮上大块的黑色斑点，那就是凝固的熔岩床，它们被称为玛丽亚（maria），拉丁语意为"海洋"，因为早期的天文学家真的以为它们是海洋。

火星上有巨大的火山，包括已知最大的火山奥林帕斯山。

火星巨峰

　　奥林帕斯山宽约 600 千米，高约 22 千米——从火星基准面测量，高度是珠穆朗玛峰的 2.5 倍——大约相当于意大利或美国亚利桑那州的面积。

奥林帕斯山

珠穆朗玛峰

由于月球和火星都比地球小，冷却速度比地球快，所以它们的火山现在都是死火山了。金星的大小与地球相似，"金星快车"[1]探测结果显示，这颗行星上可能存在活跃的熔岩流，这真是令人兴奋。

在太阳系更远的地方，那些巨型气体行星的卫星上，存在着许多形式奇异的火山活动。木星已确认的卫星有60多颗，其中几颗卫星上都有火山存在。木卫一（Io）是一颗最靠近木星的大卫星，是我们所知的太阳系中火山活动最活跃的天体。木卫一在巨大的潮汐力的作用下被拉伸和挤压，从而被加热，正如你手中的壁球一样。木卫一上的火山异常活跃，喷出的气体和灰尘高达数百千米。木星另一颗被冰所覆盖的卫星——木卫二（Europa）也很有趣，它的表面只有很少的火山口。这表明冰火山活动不断被水状岩浆所覆盖。

2005年，"卡西尼号"太空探测器发现，土卫二（Enceladus）向太空喷射出大量的蒸汽和冰，甚至在离太阳更远的地方，1989年"旅行者2号"太空探测器发现暗黑羽状物从海王星的卫星之一——海卫一（Triton）的上空升起，它们可能是由氮冰构成，并受到来自遥远的太阳热量的驱动。

最近在我们太阳系外发现了岩石行星，这意味

---

1 "金星快车"是欧洲首个金星探测器，于2005年11月9日搭乘"联盟"运载火箭升空。其发射目的是为进一步揭示金星大气层的奥秘。——译注

着，我们和未来的科学家——也许就是你——还没有完全发现宇宙中可能存在的所有新型火山活动。从这些行星到达地球的光中也许保留了一些它们大气层的线索。由于火山释放出独特的气体，所以火山活动可能是我们在太阳系外确认的第一个地质活动。

我们这个星球上的火山还有那么多未知需要我们去理解，我常常对此心生敬畏。整个宇宙的火山活动仍有待探索，这真是令人无限遐想！

地球由什么构成？

粒子，粒子，到处都是……

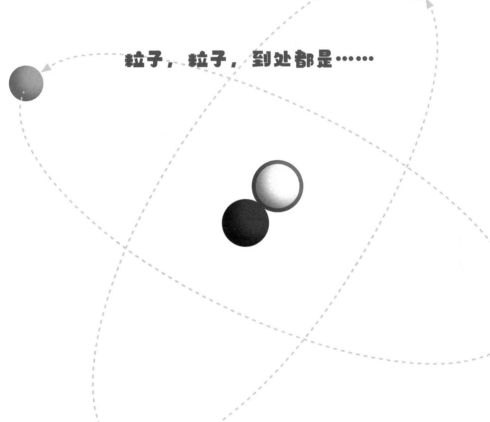

地球上的每一种物质都是由叫作原子的微小物体构成的。这些原子通过交换更小的电磁辐射粒子（我们称之为光子）而不断地相互碰撞，其中一些粒子是我们感觉到的热，另一些是我们看到的光，还有一些我们将其用于脉冲无线电通信。太阳以及遥远宇宙中所产生的光子和亚原子粒子不断地从太空中飞来。因此，地球、其他行星、恒星甚至太空都是微小粒子的漩涡。那么科学家是如何在考虑大量微观运动的基础上去理解事物的行为的呢？

原子不是基本粒子，因为原子是由原子核以及围绕中心原子核运转的电子组成的，电子围绕原子核运动，就像行星围绕太阳运动那样。原子核由紧密结合在一起的质子和中子组成。

以前质子和中子被认为是基本粒子，但我们现在知道它们是由更小的粒子构成的 —— 夸克和胶子，胶子是一种强大的粒子，作用于夸克而非电子或光子。

据我们所知，基本粒子可能是最小的东西，它们不能再被分成更小的东西，例如携带电的电子和携带光的光子。

物质

　　物质是由各种原子构成的。所谓原子或元素的类型是由原子核中的质子数决定的。质子数可达 118 个，大多数情况下中子数目与之相等或更多些。

　　最简单的原子是氢，它的原子核只有一个质子，没有中子。科学家认为宇宙中 90% 的原子是氢原子。

　　自然产生的最大的原子——铀，其原子核含有 92 个质子和 146 个中子。

　　在恒星诞生之前，在太空中只能找到最简单的分子。最常见的是氢分子，它位于诞生恒星的外层空间的巨大气体云内。氢分子由两个相连的氢原子组成。

铀

氢

粒子碰撞

科学家研究粒子以及粒子在大型强子对撞机等机器中的行为。大型强子对撞机可以做一些事情，比如让粒子运动得非常快或者让它们相互碰撞。

如果没有外力，粒子在大型强子对撞机这样的机器内部碰撞后，出来的时候和进去的时候是一样的。力通过释放和吸收一种被称为规范玻色子的特殊携力粒子，允许基本粒子在碰撞中相互影响。（甚至变成不同的粒子！）

物理学家使用费曼图来表示碰撞。费曼图展示了粒子分散的可能性。一个费曼图只描述碰撞的一部分，需要对这些图进行总结，才能完整地描述一次碰撞。

最简单的一种就是，两个电子相互靠近，交换一个光子，然后继续前进。

时间轴从左到右，波浪线是光子，实线是电子（标记为"e"）。光子传递电磁作用。

这张图包括了光子从上到下或从下到上的所有情况（这也是这条曲线垂直绘制的原因）：

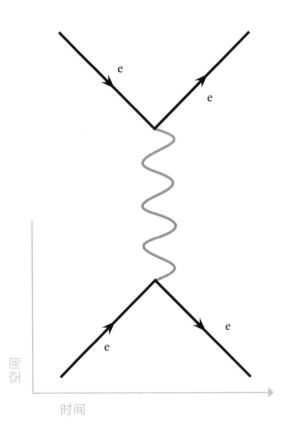

更复杂的过程可以用更复杂的费曼图来表示，图中包含多个虚粒子。例如，下图中有两个虚光子和两个虚电子：

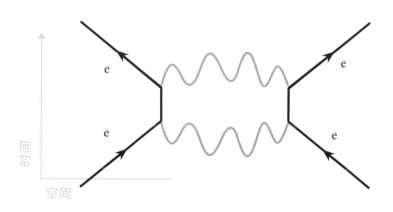

要完整地描述每一种粒子反应，需要用无数的图表，不过谢天谢地，科学家们通常能够用最简单的图表就可以充分近似地表达实际运动情况。下图呈现了可能发生在大型强子对撞机中的质子碰撞！字母"u""d""b"是夸克；字母"g"代表胶子。胶子传递强作用。

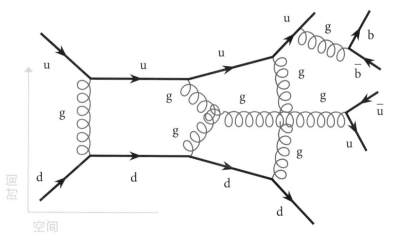

理查德 · 费曼
（1918 — 1988）

理查德·费曼，美国物理学家，他对光和物质相互作用的方式——即量子电动力学很感兴趣。他的工作使科学家们更好地了解粒子和波的性质。作为他在量子力学方面革命性工作的一部分，他设计了一种描绘粒子如何运动的图解方法。费曼图简洁易懂。由于费曼图的出现，许多关于粒子及其相互作用的计算变得简单多了。1965 年，他与朝永振一郎、朱利安·施温格共同被授予诺贝尔物理学奖，并成为世界上最著名的科学家之一。理查德·费曼还喜欢演奏邦加鼓。

欧洲核子研究中心（CERN）的大型强子对撞机（LHC）

欧洲核子研究中心是位于瑞士日内瓦附近的一个国际粒子物理实验室，横跨法国和瑞士的边境。

欧洲核子研究中心成立于1954年，作为研究基本粒子的一部分，它运行对撞机已逾50年。

欧洲核子研究中心，简称为 CERN，法语全称为 Conseil Européen pour la Recherche Nucléaire（欧洲核子研究中心），它有 23 个会员国。

LHC 从何而来

1983年，超级质子同步加速器（SPS）将质子和反质子（质子的反粒子）碰撞在一起，发现了携带弱核力的W粒子和Z粒子。超级质子同步加速器建在一个周长7千米的圆形隧道里，现在为大型强子对撞机输送质子。

经过3年的挖掘，一条新的圆形隧道于1988年竣

1990年，欧洲核子研究中心的一位科学家蒂姆·伯纳斯·李发明了万维网，供粒子物理学家共享信息，现在每天都被许多人以各种各样的方式使用着！

工。它的周长是27千米，深100米。它容纳了大型正负电子对撞机（LEP）。大型正负电子对撞机使负电子与正电子（电子的反粒子）相撞。

1998年，开始为大型强子对撞机挖掘探测器洞穴。2000年11月，大型正负电子对撞机关闭，为同一隧道中的新对撞机让路。

大型强子对撞机于2008年9月首次全面启动。

大型强子对撞机

大型强子对撞机是世界上最大的粒子加速器。大型强子对撞机的环形通道上有两条束流管道，每条都携带一束质子，朝相反的方向运动。它就像一个巨大的电磁跑道！

管道内部的空气几乎完全被抽了出来，形成一个和外太空一样的真空环境，这样质子就能够在不撞击空气分子的情况下运动。

大型强子对撞机是世界上最大的机器。

由于隧道是弯曲的，所以在隧道周围有超过1200个强大的磁铁来扳正质子的运动路线，这样它们就不会撞到管道内壁。磁铁是超导的，这意味着它们可以产生非常强大的磁场，且能量损耗很小。它们需要用液氦冷却到−271.3°C（−456.3°F）——比外太空还要冷！

在全功率状态下，每个质子将以光速的99.99％的速度运动，每秒绕11 245圈。每秒将有多达6亿次质子之间的正面碰撞。

除了质子对撞外，大型强子对撞机的设计还能用来对撞铅离子（铅原子的原子核）。

大型强子对撞机的核心是地球上最不可能存在生命的地方！

总之，大型强子对撞机大约有9 300个磁铁。

网格

每次碰撞产生大约1 MB[1]的数据，大型强子对撞机探测器产生的数据比最先进的存储设备还要多。计算机算法只保留最有意思的碰撞数据—— 其余99％以上的数据都会被丢弃。

即便如此，大型强子对撞机一年（2012年）的碰撞数据也达到了1500万[2]吉字节（相当于7 5000台电脑的容量，每台电脑硬盘容量200 GB），这就产生了一个数据存储和处理的大问题，尤其是因为需要这些数据

1　MB是英文"MByte"的简写，是计算机中的一种储存单位，读作"兆"。——译注
2　吉字节（GB，Gigabyte，在中国又被称为吉咖字节或京字节或十亿字节或戟），常简写为G，是一种十进制的信息计量单位。1GB=1 000MB=1 000 000KB=1 000 000 000B——译注

的物理科学家遍布于世界各地。

存储和处理是将数据通过互联网快速发送到其他国家的计算机上共享来实现的。这些计算机与欧洲核子研究中心的计算机一起构成了全球大型强子对撞机计算网格。

探测器

大型强子对撞机主要有四个探测器，分别位于隧道周围不同位置的地下洞穴中。使用特殊的磁铁让两个光束在检测器洞穴所在环的四个位置点发生碰撞。

ATLAS（超环面仪器）是迄今为止最大的粒子探测器。它长46米，高25米，宽25米，重7000吨。通过探测器追踪飞行轨迹并记录能量变化来识别在高能碰撞中产生的粒子。

CMS（紧凑缪子线圈）使用不同的设计来研究与ATLAS类似的过程（有两种不同设计的探测器有助于确认发现的任何问题）。它长21米，宽15米，高15米，但比ATLAS重，达14 000吨。

ALICE（大型离子对撞器实验）探测器是专门为寻找由碰撞铅离子产生的夸克－胶子等离子体而设计的。人们认为这种等离子体在大爆炸之后不久就已经存在。ALICE长26米，宽16米，高16米，重约

10 000吨。

LHCb(大型强子对撞机底夸克实验)——这个实验名字中的"b"指的就是美（beauty），或者说是被用来研究的底（b）夸克。其目的是阐明物质和反物质之间的区别。它长21米，高10米，宽13米，重5 600吨。

新发现？

粒子物理学的标准模型描述了基本力（除引力外）、传递这些力的粒子和三代物质粒子。

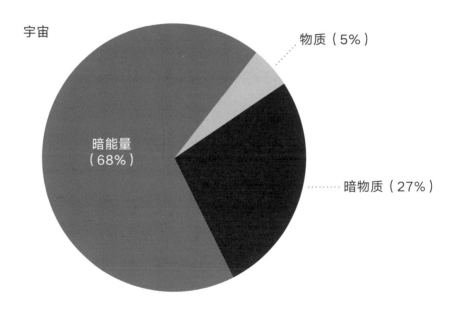

宇宙

物质（5%）

暗能量（68%）

暗物质（27%）

但是……

只有大约5％的宇宙是由我们已知的物质构成的。剩下的部分是由暗物质和暗能量构成的吗？

为什么基本粒子会有质量？希格斯玻色子可以解释这一点。它是标准模型预测的粒子，2012年ATLAS和CMS证明了它的存在。

为什么宇宙中物质要比反物质多得多呢？因为在宇宙大爆炸后很短的一段时间里，夸克和胶子的温度很高，以至于它们还不能结合起来形成质子和中子——宇宙中处于充满了一种被称为夸克–胶子等离子体的奇怪物质状态。

希格斯玻色子

1964年，英国物理学家彼得·希格斯在爱丁堡大学研究粒子，他预言除了科学家们已经知道的粒子外，肯定还有另一种粒子。这将赋予粒子质量，并使所有关于粒子的理论变得有意义。多年来，科学家们一直在寻找这种名为"希格斯玻色子"的新粒子。2012年，大型强子对撞机的物理学家们注意到了一个有趣的信号，他们认为这可能就是失踪的粒子。2013年，这种粒子被确认为希格斯玻色子。

量子力学

　　量子力学是物理学的一个分支，研究原子和组成原子的粒子。它研究粒子和原子的运动，以及原子以光的形式吸收与释放能量的方式。原子和粒子似乎并不遵循那些我们所见之大事物所遵守的的规则。

　　大型强子对撞机已再现了这种等离子体，ALICE实验一直在研究它。科学家们希望通过这种方式，更深入地了解关于强大的核力和宇宙的发展。

　　新理论正试图将引力（以及空间和时间）引入描述其他力和亚原子粒子的量子理论中。其中一些观点表明，时空可能不仅仅是我们熟悉的四维空间。大型强子对撞机的碰撞可以让我们看到这些"额外维度"，如果它们存在的话！

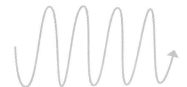

不确定性 和 薛定谔的猫

量子世界是原子和亚原子粒子的世界；经典世界是人与行星的世界。它们似乎是两个非常不一样的世界！

经典：	**量子：**
我们能够知道物体的位置和它移动的速度……	我们不能确切地知道物体的位置和它移动的速度，也许我们对两者均不知道——这就是海森伯的不确定性原理……

经典：

一个球从 A 到 B 的路径是确定的。如果 AB 之间横亘着一堵墙，墙上有两个洞，那么这个球要么从其中一个洞通过，要么从另一个洞通过……

我们知道球要去 B 点，而不是去其他地方……

轻微的干扰不会影响球的运动。

量子：

一个粒子从 A 到 B 的所有路径，包括通过不同孔洞的路径——这些路径加起来产生了一个从 A 出发的波函数……

粒子可以到达波函数可以到达的任何地方。只有当我们进行观察时，我们才能发现它在哪里……

观察彻底改变了波函数——例如，如果我们在 C 点观察粒子，则波函数会完全坍缩到 C 点（然后继续波动）。

盒子里的猫！

　　但是猫（经典！）是由原子（量子！）构成的。薛定谔想象这对猫意味着什么——可是不要对你的宠物猫这样做（薛定谔实际上也没有这样做）！他曾设想把一只猫关在一个完全不透光、隔音的盒子里，盒子里装着毒药、辐射探测器和少量放射性物质。当探测器发出哔哔声时（因为原子衰变时会产生辐射），毒素就会自动释放。在盒子里待了一会儿后，猫还活着吗？盒子里的原子（包括猫的原子）采取了所有可能的路径：某些原子会产生辐射并释放出毒物，而其他的则没有。只有当我们打开盒子进行观察时，才会发现猫是否还活着。在此之前，这只猫既不是绝对死去也不是绝对活着——在某种意义上来说，猫处于不死不活的叠加态！

沃纳·卡尔·海森伯
（1901—1975）

　　沃纳·卡尔·海森伯，德国科学家，从事原子物理学研究。他在量子力学方面的研究中，提出了"不确定性原理"，即粒子的位置和动量不能同时确定。如果其中一种被精确地（或非常接近地）计算出来了，那么另一种相应地就不那么精确了。因此，研究统计概率比试图找出一般规律要好。

　　1944 年，海森伯在第二次世界大战中的中立国瑞士发表了一次演讲。美国人派了一名持枪特工，并指示如果海森伯的演讲中提到德国已经或即将拥有原子弹，那就把他枪杀了。海森伯躲过一劫，因为德国离造出原子弹还很远。

　　1932 年，海森伯被授予诺贝尔物理学奖。

埃尔温·薛定谔
(1887 - 1961)

埃尔温·薛定谔，奥地利理论物理学家。他研究量子力学，并提出了重要的薛定谔波动方程。薛定谔不支持希特勒和纳粹。他在战前逃离德国，在爱尔兰生活和教学，并最终成为了爱尔兰公民。

他最著名的是被称为"薛定谔的猫"的思想实验——科学家们至今仍在争论猫会发生什么情况！在他苏黎世旧居的花园里，有一只与原物一样大小的猫——在某些灯光下它是直立的、"活着的"；而在另一些灯光下它是躺着的，显然是"死了"。薛定谔于 1933 年获得了诺贝尔物理学奖。

M理论
——十一个维度！

我们如何将爱因斯坦描述引力和整个宇宙形状的广义相对论，与解释微观粒子和所有其他力的量子理论结合起来呢？

最成功的尝试都涉及额外的空间维度和超对称性。

额外维度被紧紧地卷起来，所以大型物体不会注意到它们！

弦理论

　　今天我们已知三维或许四维。它们分别是长度、宽度、高度，可能还有时间。一些科学家认为，粒子不像微小的点（没有维度），而是很小很小的线状的"弦"，有一个维度。我们无法测量它们，因为我们还没有发明这样的仪器。如果粒子是弦状的话，那么它们可以振动和相互作用，因此在空间中可能存在更多的维度——也许多达十一个！比我们知道的要多。

　　我们无法体验它们，因为它们都聚集在狭小的空间中。

超对称意味着更多的基本粒子：比如光子对应光微子，夸克对应超夸克！（大型强子对撞机可能会看到这些，甚至可能探测到额外维。）

超弦理论（超对称弦）用微小的"弦"（线）代替了粒子（点）。不同类型粒子的弦以不同的方式振动，仿佛吉他弦上的不同音符。虽然这听起来很奇怪，但弦可以解释引力！

超弦必须存在于十维空间中——所以另外6个额外空间维一定被隐藏了。我们还不了解这究竟是怎样发生的。

1995年，爱德华·威滕提出，不同类型的超弦理论都是十一维理论的变体，他称之为M理论。

科学家们对"M"的含义存在分歧：是魔法、秘密、大师、母亲还是膜？未来的物理学家们将会揭开谜底！

自那以后，科学家们一直在努力研究M理论，但仍然不知道它到底是什么，也不知道它是否真的是爱因斯坦花了许多年试图解决的万有理论。

构建生命之基石

托比·博兰契博士
化学家

　　生命（如植物、动物和人类）是以碳元素为基础的。与其他元素相比，碳更擅长形成非常复杂且稳定的分子。它在宇宙中也很多 —— 碳是宇宙中第四丰富的元素。这些事实意味着，除了氢之外，已知的含碳分子比其他元素加起来还要多。

　　然而，要创造生命所需要的可不仅仅是碳，另一种必需品是水。人体大约60％是水。水之所以如此重要，是因为它参与了许多使人体运作的过程，并且还参与了制造生命所必需的复杂分子的反应，并为它们提供了良好的溶剂。

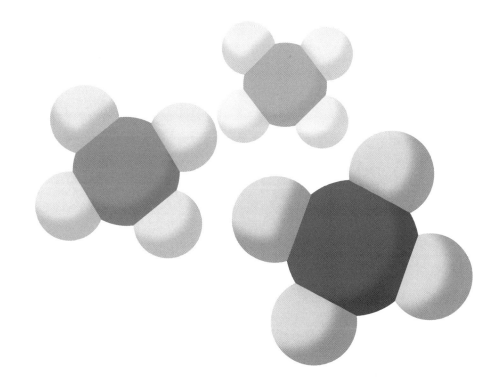

　　这些构成生命的复杂分子中，有一组非常重要，被称为氨基酸，其中包含碳、氢、氧、氮和硫。人体中只有20种不同的氨基酸，但是它们以许多不同的方式结合在一起，以形成更大的分子，称为蛋白质。蛋白质遍布全身，并且有许多不同的作用：它们有助于形成毛发、肌肉和韧带；有助于构成体内细胞；遍布于血液中；帮助你消化食物，并在体内完成其他各种重要工作。

　　因此，这就是为什么仅需几个步骤，诸如原子之类的非常简单的东西就可以变成像生命一样复杂的东西。

温度

地球表面的平均温度：15°C（59°F）

地球上记录的最低温度：1983 年 7 月 21 日，南极沃斯托克 -89°C（-128.2°F）

地球上记录的最高温度：2005 年，伊朗卢特沙漠 70°C（159.3°F）

月球表面的温度：

白天平均温度：110°C（230°F）

夜间平均温度：-150°C（-240°F）

太阳表面的平均温度：5 500°C（9 932°F）

太阳核心的平均温度：15 000 000°C（27 000 000°F）

太空平均温度：-270.4°C（-454.72°F）

什么是化学元素，它们来自哪里？

简单地说，化学元素是由单一原子构成的纯净物。世界上已知的元素只有118种，世界上所有的东西都是由这些元素中的一种或多种组合而成的。研究这些已知元素的行为方式以及它们如何组成化合物的科学就是化学。

如果一切都是由这些元素构成的，那它们从何而来？氢和氦这两种最小的元素是在宇宙大爆炸之初形成的，它们大量聚集，一段时间后形成恒星。在恒星（比如太阳）中，氢在高温下燃烧，这个过程被称为聚变，能生成氦。随着恒星年龄的增长，氦的数量逐渐增加，氢逐渐耗尽，因此恒星开始使用氦作为燃料，从而产生了更多的元素，例如碳、氮和氧。由于这些元素是人类生活的基础，所以你可以说我们是由星星组成的！

由于恒星的大小和温度不同，越来越多的元素在许多不同的聚变过程中生成，直到生成了铁元素。在那之后，恒星爆炸成为元素生成的主要方式之一，被称为超新星。超新星释放出制造重元素（原子比铁原子还重的元素）所需要的大量能量。

原子序数是根据原子核中有多少质子而定的。每种元素都有不同的原子序数。一个原子也可以有重量：它是参照碳原子重量得出的相对重量。科学家们可以利用这些数字和重量来创建有用的原子列表。

所有这些过程创造出94种元素，它们都是在地球上自然生成的。另外24种被称为"超铀"元素，因为它们比铀重，是通过核反应堆或粒子加速器等特殊设备人为制造的。这些元素不是很稳定，会在裂变过程中分解形成更小、更稳定的元素。以这种方式分解出的元素被称为"放射性元素"。当放射性化合物分解时，它们也会释放出能量，这些能量可以用来发电，这就是核电站内发生的事情。

为什么我们在不同的地区重量不一样？

- 你的体重是你和地球之间的吸引力。
- 你的质量是你所包含的物质的量。

质量以千克（kg）为单位，但是重量不也是以千克为单位吗？这是不是很令人困惑吗？是的，没错。

在地球上，通常以千克为单位来描述重量，但实际上应该用牛顿（N）来表示。牛顿是力的单位。

在地球上1kg的质量大约是10N。

当你穿越太阳系时，你的质量不会改变。但是你的体重会改变。

当你降落在一个引力比地球弱的行星或月球上时，尽管你的质量保持不变，但你的重量会发生变化。这在实际中意味着什么？

如果你在地球上重 34kg，下面是你在太阳
系其他天体上的体重千克数！

水星：12.8kg   木星：80.3kg

金星：30.6kg   土星：36.1kg

月球：5.6kg   天王星：30.2kg

火星：12.8kg   海王星：38.2kg

因此，在月球或水星上，你可以轻松地跳过非常高的栏杆，但你很难跨过木星地面上的栏杆。（如果木星有坚实的地面的话 —— 木星地面是气体组成的，你越接近球心，气体密度越大。）

地球平面论者、月球骗子和反疫苗者

为什么有些人拒绝接受科学信息？

苏菲·霍杰茨博士

英国桑德兰大学 心理学讲师

科学是一件美妙的事情，对吧？通过研究生物学、化学、物理学和人类行为，科学家们在生命领域的诸多方面都取得了惊人的进步。多亏了科学，我们才能够消灭某些疾病，登上月球，并拍摄到令人难以置信的地球图像。但是你可能会惊讶地发现，有些人会问：我们真的做到这些了吗？有许多人相信我们从未到过月球，也有许多人相信地球实际上是平坦的！在研究人类思维和行为的心理学中，我们把这类信念称为阴谋论。

有很多不同的阴谋论，但是有些主题比其他主题更容易产生阴

阴谋论是对某一事件或情况的解释，但这个解释依赖于邪恶的行动者和动机，而非确凿的证据。

谋论。常见的阴谋论相关主题是新技术和科学成就。例如，那些认为我们没有去过月球的人认为，美国国家航天局（NASA）策划了整个事件，制造了虚假的图像和视频片段。同样地，许多相信地球是平坦的人也将之归罪于美国国家航天局，他们认为证明地球是平坦的证据已被压制，而证明地球是球体的证据实际上是假的。在许多情况下，阴谋论者声称造假的原因与金钱有关；而事实上，伪造太空任务要比实际执行便宜得多。

回声室效应

近年来，许多科学家注意到，阴谋论不再局限于互联网的某个小角落，而是发现在主流新闻媒体和社交媒体上找到。这使一些心理学家认为，互联网的普及使阴谋论更加普遍。尽管这一领域还需要更多的研究，但有一些证据表明，社交媒体可能会起到一定作用。例如，如果某人加入了一个群组，群组里的人都相信某个特定的阴谋论，那么算法将引导这个人找到有关该主题的更多信息来源。同样，网络群体也常常成为阴谋论的回声室。"回声室"被定义为这样一种环境，在这种环境中，人们只能找到支持他们观念的信息，而其他所有信息都将被拒绝。在上述群组的例子中，专门相信某种阴谋论的某个人很可能成为该特定理论的回音室的一部分。

在我们拥有互联网之前，人们就一直相信阴谋论，原因有很多。心理学研究表明，天生偏执妄想或多疑的人更容易相信阴谋论。还有证据表明，通常非常焦虑的人更有可能相信阴谋论。这可能是因为加入具有相似信念的一群人可以帮助我们减少焦虑，得到周围人更多的支持。阴谋论的信念可以帮助一个人感到自己很重要，就好像他们拥有不是每个人都能拥有的特殊的、独特的知识。正因为如此，人们还认为，阴谋论信念会导致"我们对抗他们"的态度，这会使一个群体非常强大，更有可能团结在一起并互相支持。有趣的是，有证据表明，社会或政治动荡时期，阴谋论呈上升趋势。这可能是因为加入某个群体能缓解焦虑。如今，阴谋论更受欢迎的部分原因似乎是当前的政治动荡和全球的不确定性。

阴谋论要紧吗？

那么，为什么相信阴谋论的那些人会对世界产生严重影响呢？好吧，让我们来看看其他一些有关科学的阴谋论的例子。在最近的一项调查中，五分之一的英国人认为疫苗是有害的。一些科学家认为这是"否定科学"的一个例子，人们似乎越来越排斥科学。有清晰的证据表明这些观念具有破坏性。例如，许多父母不让他们的孩子接种麻疹疫苗，因为他们认为疫苗不安全。英国公共卫生部门的最新数据显示，2018年1月至10月，仅在英国就有913例经化验确诊的麻疹病例（而2017年仅为259例）。

麻疹

　　麻疹是一种传染性很强的疾病。麻疹病毒在空气中传播。感染麻疹病毒 10 天或两周后才会表现出症状，还需要 10 天或两周的时间才能康复。患麻疹的人体温非常高，身上会起红疹，可能还会咳嗽、流鼻涕和眼睛发炎。可能会腹泻或患上肺炎，又或者耳朵、眼睛或大脑受到感染。这些会对患者的视力、听力或大脑造成永久性损伤，并且抵抗其他感染的能力可能也会受到影响。有些病人会死于麻疹，尤其是那些营养不良的人。据我们所知，只有人类会感染麻疹，从来没有过涉及动物的病例。

我们能做些什么来阻止破坏性阴谋论的传播呢？这是一个难题，因为许多相信阴谋论的人都像科学家一样思考！批判性思考和质疑我们所看到的东西是研究人员的关键技能，所以也许"否定科学"并不是对那些相信阴谋论的人的正确看法。相反，用这种方式给某人贴上标签似乎只会疏远他们。作为科学家，我们应该设法与那些对科学有疑问、失望和怀疑的人交流。对于科学家来说，通过明确他们所做的事情与其他人的关系，并有效地交流他们的工作成果也是非常重要的。最后，或许也是最困难的一点，科学家们应该设法与他们的听众建立信任。这包括积极地谈论科学，但也要克制冲动，不要嘲笑那些不认同我们观念的人，因为这将无法增进信任。相反，重要的是我们要倾听他们，找出他们的信息从何而来，并思考他们为什么会相信这些信息。通过这种方式，我们可以在科学家和公众之间建立一种积极的联系，并防止破坏性错误信息的传播。

第三章

探索宇宙

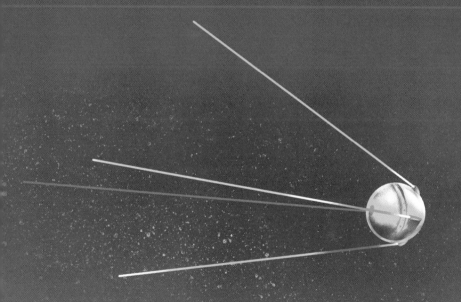

太空跳伞

当你乘坐宇宙飞船进入太空时，你会穿过一条线，这条线似乎把蓝色的地球大气层和黑色的太空分隔开来。这条线被称为卡门线，它距离地球表面约100千米。它标志着太空的开始！

太空从哪里开始？

地球的大气层不会突然停止，随后就进入太空——这和把头伸出窗外不一样！你离地球越远，大气就越稀薄，但卡门线标志着"太空"的正式开始。

卡门线

西奥多·冯·卡门（1881—1963），美籍匈牙利裔工程师和物理学家，对航空航天感兴趣。他试图计算出大气层在什么地方太薄而无法支撑飞机的问题——他的答案是在地球上方83.6千米处，后来改为100千米。卡门线不仅对飞机和宇宙飞船很重要，而且对律师也很有用——管理太空的法律与管理地球大气层的法律是不一样的！

进行一次太空跳伞或太空跳跃，需要从卡门线之上的宇宙飞船或热气球上跳下来，在太空中做自由落体运动，然后进入地球的大气层，最后打开降落伞降落到地面上。

这极其危险！好几次太空跳跃都以相当糟糕的方式收尾。一家太空旅行公司正在研制一种特殊装备，

卡门线真的那么高吗？

- 是的，世界上最高的山峰珠穆朗玛峰，海拔大约 8.85 千米。几乎要十多个这么高才能到达卡门线！
- 飞机的平均飞行高度略低于 11 千米。所以，如果你从飞机上的窗户往外看，某个太空跳伞的宇航员可能就从你身边掉下来！

它可以使你从更高的高度进行太空跳伞！

但这些宇航服并不是为了特技表演或破纪录——它们是为那些需要从飞船中跳伞，并自由落体返回地球的宇航员设计的紧急逃生通道。

这是真正用来救命的。

谁保持着最高的太空跳伞记录？

• 1960 年：美国人约瑟夫·基廷格上校创下纪录。基廷格上校参与了一项为飞行员提供高空救援的研究项目。他从离地 31 千米的氦气球上跳了三次！后来，基廷格上校写道，他旅行的速度难以想象。

• 1962 年：苏联上校叶夫根尼·安德烈耶夫创下了一项新纪录，他在打开降落伞之前，比任何人都飞得更远。但是约瑟夫·基廷格仍然保持着最高的跳伞记录，因为叶夫根尼·安德烈耶夫从 25.48 千米高的太空舱里跳出，没有基廷格那么高。

• 2012 年：约瑟夫·基廷格创下的最长距离跳伞纪录和叶夫根尼·安德烈耶夫创下的最长自由落体纪录直到本世纪才被打破，当时菲利克斯·鲍姆加特纳从离地 39 千米处纵身一跃，一举打破了这两项纪录！

• 2014 年：他没能长久保持世界冠军的头衔，因为几年后，一位名叫艾伦·尤斯塔斯的计算机科学家完成了最长的自由落体运动和海拔最高的高空跳跃，抢了他的风头。尤斯塔斯在短短 15 分钟内从 41.419 千米的高空坠落，最高速度达到 1 323 千米 / 时。当他突破音障时，地面上的人听到了轰隆声！

夜空

　　白天，天空中只能看到一颗星星。它是离我们最近的恒星，是对我们日常生活影响最大的恒星，因此它有一个特别的名字：太阳。

　　月球和行星本身并不发光。晚上它们看起来很亮，是因为太阳把它们照亮了。

　　夜空中其他所有发光的点点都是恒星，像太阳一样的恒星。有些比较大，有些比较小，但它们都是恒星。晴朗的夜晚，在远离城市光源的地方，我们可以用肉眼看到成百上千的星星。

　　夜空中还可以看到一些不是恒星的物体 —— 月亮和行星，如金星、火星、木星或土星。

我们的月球

月球是地球的天然卫星。

卫星是一种围绕行星运行的物体，就像地球绕着太阳运行一样，天然则是指它不是人造的。

月球引力对地球最明显的影响是海洋潮汐。地球面向月球那一面的海洋因为离月球更近，所以被拉得更紧，这就使得那边的海面隆起。同样，背向月球一面的海洋因为离月球更远，受月球引力较小，因此在地球的另一边造成了另一个海面隆起。

平均月地距离：384 399 千米

赤道直径：3 476 千米，为地球直径的 27.3%

表面积：0.074 × 地球表面积

体积：0.020 × 地球体积

质量：0.0123 × 地球质量

赤道处重力：16.54% × 地球赤道引力

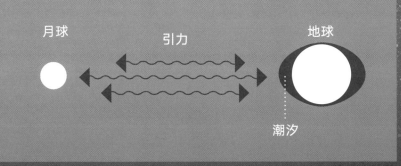

月球　　　　引力　　　　　　地球

潮汐

　　虽然太阳的引力比月球的引力大得多，但因为它离地球更远，所以它对潮汐的影响只有月球的一半左右。当月球、地球和太阳大致在一条直线上时，太阴潮和太阳潮叠加在一起，形成一个月两次的大潮（也称为"朔望潮"）。

　　月球没有大气层，所以即使是在白天，天空也是黑的。大约自地球上出现生命以来，那里就没有发生过地震或火山喷发。因此自古以来生活在地球上的生物看到的都是一样的月亮。

　　从地球看，我们看到的总是月球的同一面。1959年，一艘太空船拍摄了第一张月球背面的照片。

　　月球绕地球一周需要27.3天。月相的变化周期是29.5天。

月球知识小测验

问：月球是什么时候形成的？

答：据估计，月球是在40亿年前形成的。

问：月球是如何形成的？

答：科学家认为，一个行星大小的物体撞击了地球，导致许多热尘飞扬的岩石碎片云被弹射到绕地轨道上。这片云逐渐冷却下来，组成它的碎片粘在一起，最终形成了月球。

问：月球有多大？

答：月球比地球小得多——你可以在地球上放置约49个月球。它的重力也更小。如果你在地球上的体重是45.36千克，那么在月球上你的体重大约是7.5千克！

问：月球有大气层吗？

答：没有。这就解释了为什么它的天空总是黑的，这意味着，如果你待在阴影下，则始终可以看到星星。

问：在科学家们发现月球成因之前，人们是怎么解释月球的？

答：很久以前，地球上的人们认为月球是一面镜子，或者是夜空中的一团火。

几个世纪以来，人类一直认为月球具有影响地球生命的神奇力量。在某种程度上，他们是对的——月球确实影响着地球，但不是通过魔力。月球的引力对海洋产生引力，从而产生潮汐。

问：月球上可能存在生命吗？

答：月球无法维持生命——除非穿着太空服。但令人欣慰的是，越来越多的证据表明，月球所含的水——我们所知的生命的主要成分——比科学家们几年前所认为的要多得多。不过，它是以冰冻形式存在的，任何向月球迁徙的地球人都需要付出巨大的努力，才能将其转变为对生命友好的液态水。

问：是否有其他文明曾造访月球？

答：地球上的宇航员已经去过月球6次了。在1969年至1972年间，已有12位NASA宇航员在月球表面行走过。在地球上出现人类文明之前，有外星生物访问过月球并留下沉积物吗？外星人会是我们的"邻居"吗？这种机会非常渺茫，但一些科学家正在重新研究月球岩石，看看是否能找到什么线索。

光与星

比邻星

光

　　宇宙中的一切旅行都需要时间来完成，即使是光。

　　在太空中，光总是以可能的最大速度传播：每秒300 000千米。这个速度叫作光速。

　　光从地球到达月球只需要1.3秒。太阳比月亮离我们更远。

　　光从太阳出发，需要8分30秒才能到达地球。

　　天空中其他的恒星与地球的距离，比太阳与地球的距离远得多。离太阳最近的一个被称为比邻星，它发出的光到达地球需要4.22光年。

　　其余的恒星就更远了。几乎所有我们在夜空中看到的星光，都是经历了数百年、数千年甚至数万年的时间，才到达我们眼前。虽然我们看到了它们，但是

4.22光年

太阳

其中的一些恒星可能已经不存在了，但我们还并不知道，因为恒星死亡时，爆炸所出的光还没有到达我们这里。

太空中的距离可以用光年来衡量，光年是光在1年内走过的距离。1光年大约是9.5万亿千米。

太阳系

太阳系是太阳的宇宙大家庭。它包括所有被太阳引力捕获的物体：行星、矮行星、卫星、彗星、小行星和其他尚待发现的小天体。被太阳引力捕获的物体围绕太阳运行。

距离太阳最近的行星：水星

水星到太阳的平均距离是 5 790 万千米。水星没有卫星。

距离太阳最远的行星：海王星

海王星到太阳的平均距离是 45 亿千米。

行星数量：8 颗

距离太阳的距离从近到远的行星：

水星、金星、地球、火星、木星、土星、天王星和海王星。

地球到太阳的距离：

平均 1.496 亿千米。

矮行星数量：6 颗

按照离太阳的距离从近到远，它们依次为：谷神星、冥王星、妊神星、鸟神星、阅神星和塞德娜。

已知行星的卫星数量：205 颗

水星：0；金星：0；地球：1；火星：2；木星：79；土星：82；天王星：27；海王星：14

已知彗星数量：1 000 颗（估计实际数量：1 000 000 000 000 000 颗）

小行星的卫星数量：190 颗

已知矮行星的卫星数量：9 颗

海王星轨道以外的矮行星的卫星数量：63 颗

人造天体旅行的最远距离：

超过 217 亿千米。这是旅行者 1 号在 2019 年 6 月 3 日到达的距离。旅行者 1 号还在继续远离太阳系，并向地球传回数据。

我们的太阳系是如何形成的？

第一步：

一团气体尘埃云开始坍塌 —— 可能是由附近超新星爆发产生的激波引发的。

第二步：

一团尘埃形成后，会旋转并压扁成一个圆盘，同时也会吸引更多的尘埃，然后逐渐变得更大，并以更快的速度旋转。

第三步：

坍塌的气体尘埃云的中心区域变得越来越热，最后燃烧变成一颗恒星。

第四步：

当这颗恒星燃烧时，围绕它的圆盘中的尘埃慢慢地聚集在一起，形成团块，这些团块变成岩石，最终形成行星，所有这些行星仍然以这颗恒星——我们的太阳——为中心旋转。这些行星最终形成了两个主要的类别：在靠近太阳很热的地方，形成岩石行星；远处，在火星之外，形成气态行星，气态行星是由厚厚的大气层和液态的内核组成，也很可能是固态内核。

第五步：

行星运行过程中会吞噬遇到的大块物质，从而清理它们的轨道。

第六步：

几亿年后，这些行星进入了稳定的轨道——和今天的轨道一样。剩下的碎片要么落在火星和木星之间的小行星带，要么落在更远的冥王星以外的柯伊伯带。

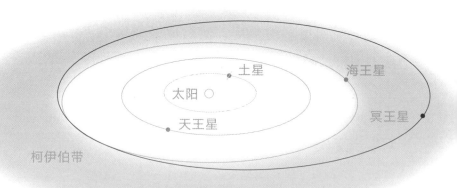

柯伊伯带

从海王星轨道的外边缘地带到太阳系外大约 50 个天文单位（AU）之间，有一个太阳系形成时遗留下来的物质圆盘状区域。它是由分散的冰冻气体块组成的，其中一些个头较大，足以形成被归类为矮行星的小天体，比如冥王星。

天文单位详见第175页

你知道吗？

- 我们的太阳系形成于约46亿年前。
- 和太阳质量差不多的恒星大约需要1 000万年才能形成。
- 木星是太阳系中最大的行星，因此它可能独自完成了大部分清理工作。
- 系外行星是围绕太阳以外的恒星运行的行星。

还有其他类似太阳系的星系吗？

几百年来，天文学家们一直怀疑宇宙中的其他恒星可能也有行星围绕其运行。然而，直到1992年才确认了第一颗系外行星，它围绕着一颗大质量恒星的残骸运行。1995年，科学家们发现了第一颗绕真实明亮的恒星运行的行星，它围绕恒星"飞马座51"运行。自那以后，发现了系外行星4 000余颗——其中一些围绕着与我们的太阳非常相似的恒星运行！

这仅仅是个开始。即使银河系中只有10%的恒星有行星围绕其运行，这依旧意味着，仅在银河系中就有超过2000亿个太阳系。

其中一些可能与我们的太阳系相似，另一些看起来可能就大不相同了。例如，双星太阳系中的行星可能会在天空中看到两个太阳升起或落下。了解这些行星到它们恒星的距离以及恒星的大小和年龄，有助于计算我们在这些行星上发现生命的可能性有多大。

我们所知的在其他太阳系中的大多数系外行星都非常大——和木星一样大或者更大些。大型系外行星比小型系外行星更容易被探测到，但是天文学家们开始发现一些更小的岩石行星，它们像地球一样，在距离恒星适中的轨道上运行。

2011年初，美国国家航天局证实，他们的"开普

勒任务"在距地球约500光年外的一
颗恒星周围发现了一颗类地行星！
新发现的这颗行星——"开普
勒-10b"，与地球差不多大，其
直径为地球的1.4倍，但是它距离
恒星非常近，温度太高，无法维持
我们所知的任何一种生命。

已经发现的一些非常大的
行星实际上可能是被称为
"褐矮星"的小恒星。

开普勒任务

开普勒是美国国家航天局2009年发射的
一个太空望远镜的名字。它是用来寻找在银河
系某一特定区域内绕恒星运行的类地行星。开
普勒观察了530 506颗恒星，并发现了
2 662颗行星。它运行了9年，于2018年耗
尽燃料后退役。

水星

离太阳的平均距离：5 790 万千米

赤道直径：4 878 千米

表面积：地球表面积 x 0.147

体积：地球体积 x 0.156

质量：地球质量 x0.055

最高温度：430°C（806°F）

最低温度：–170°C（–274°F）

水星是离太阳最近的行星。

水星自转非常缓慢——一天（即自转一周）持续59个地球日。

水星绕太阳公转的周期是88个地球日——与缓慢的一天相比，一年倒是非常快！

←地球（等比例）

构造

水星是最小的行星。多年来，人们对它所知甚少。它的轨道离太阳太近了，所以天文学家很难用望远镜观察到它。

水星是多岩石的，它是太阳系中密度第二大的行星，仅次于地球。为了解释这一现象，科学家们认为其核心一定是铁，并且占其质量的70%。

水星表面与月球表面非常相似，有陨石坑、平原、山脉和山谷。水星上的卡洛里斯盆地是太阳系中最大的陨石坑，直径为1 550千米。不管是什么撞击产生了陨石坑，其冲击波如此巨大，以至于行星的另一面——盆地的对面，形成了一片非常奇怪的丘陵地带，天文学家称之为"古怪地形"。

在2011年至2015年间，"信使号"（MESSENGER）水星探测器绕水星轨道运行，MESSENGER实际上是"Mercury Surface，Space Environment，Geochemistry，and Ranging"（水星表面、空间环境、地质化学和测距）的缩写。其中一个发现就是水星北极存在水冰。

金星

离太阳的平均距离：10 820 万千米

赤道直径：12 000 千米

表面积：地球表面积 x 0.902

体积：地球体积 x 0.866

质量：地球质量 x 0.815

表面平均温度：462°C（864°F）

金星是距离太阳第二近的行星。

金星自转缓慢 —— 自转周期为243个地球日。

金星绕太阳公转的周期为225个地球日。它每隔584天就会"赶超"地球一次。

←地球（等比例）

146

构造

金星比地球小不了多少，并且当它绕轨道运行时，它是离我们最近的行星。它是夜空中第二明亮的物体，仅次于月亮。金星是一颗岩石行星，周围环绕着一层非常浓密厚重的大气，大气主要由二氧化碳和少许硫酸构成。大气能反射光线，因此我们很容易看到它。

大气产生温室效应。行星表面的热量无法逃逸，这就是为什么它是太阳系中最热的行星。金星的大气压非常大，是地球的90多倍。金星上没有生命，也没有水。

太空探测器发现金星的大部分被火山平原覆盖，大平原上有两个大陆状高地，一个在北半球，另一个在赤道以南。

金星有一个不寻常的特征：它围绕太阳公转运行时保持顺时针方向自转，或者说是逆向自转，而大多数行星是沿逆时针方向自转。

金星是第一个有探测器（水手2号）造访的行星，也是第一个有航天器（金星7号）着陆的天体。

火星

关键数据

离太阳的平均距离：2.279 亿千米

赤道直径：6 805 千米

表面积：地球表面积 x 0.284

体积：地球体积 x 0.151

质量：地球质量 x 0.107

赤道重力：地球赤道重力的 37.6%

火星是离太阳第四近的行星。

火星绕太阳公转的周期是1.88个地球年。

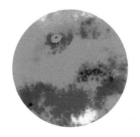

火卫一

←地球（等比例）

构造

火星是一个拥有铁核的岩石行星。在它的核心和红色外壳之间有一层厚厚的岩石层。火星的大气层也很稀薄，主要由二氧化碳（95.3%）构成，我们在那里无法呼吸。火星上的平均温度非常低：大约是 $-60°C$（$-76°F$）。

太阳系中最大的火山位于火星表面，名为奥林帕斯山。从一边绵延至另一边，散布于一个宽600千米、高22千米的圆盘状区域。地球上最大的火山在夏威夷，它叫作莫纳罗亚火山，其海拔高度为4.1千米，不过如果从它的起点——海洋底部算起，它的高度是17千米。

火星有两个小卫星：火卫一（Phobos，以希腊恐惧之神命名）和火卫二（Deimos，以希腊惊慌之神命名）。

火卫二

149

火星环境

我们知道，火星现在是一个寒冷的沙漠星球，不管是简单生命还是复杂生命，其表面没有任何生命迹象。但它曾经会是一个温暖湿润、有生命繁衍生息的世界吗？根据前往这颗红色星球进行勘查的火星探测车发现的线索，我们了解到，火星曾经的环境与现在大不相同。

但是，火星会再次成为一个肥沃、富氧的星球吗？在那里，我们可以种植农作物，呼吸空气并享受火星的宜人夏天吗？我们能否"地球化"火星，使其大气、气候和地表适合我们生存？

我们需要为火星建立一个大气层，并提高火星的温度。

外星环境地球化意味着对整个星球进行巨大的改变，以创造一个适合人类、植物和动物居住的环境。

为了使火星升温，我们需要向大气中添加温室气体，以捕获来自太阳的能量——这几乎与地球上存在的问题相反，地球的大气中含有过多的温室气体，我们想给地球降温，而不是升温！

但是火星是否有足够的引力来维持足够厚的大气层呢？它曾经有一个磁场，但在40亿年前就衰减了，这意味着火星失去了大部分大气，只剩下地球大气压的1%。还有，火星重力比地球小得多。

以前，大气压强（也就是你周围大气中空气的重量）肯定要高些，因为我们可以看到干涸的河道和湖泊。而现在火星上不可能存在液态水，因为水会蒸发。如果要在那里生活，我们肯定会需要水——在火星的两极，有大量的水以冰的形式存在。如果我们去火星上生活，我们可以利用它。我们还可以利用火山带到火星表面的矿物和金属。

因此，这颗红色星球存在着巨大的潜力，但是对于第一批宇航员来说，这将是一项非常艰巨的任务。甚至在他们考虑长期改造任务之前（如果可行的话），光是在这个尘土飞扬的红色世界、这个遍布岩石的邻居上生存，他们就有大量的工作要做。这就像生活在某个具有可控大气层的穹顶里——只有使用呼吸器才能出门！

为了在火星上建立基地或人类居住地，这些宇航员一定要聪明机智、足智多谋、勇敢执着、坚持不懈。

说的是你吗？

木星

关键数据

离太阳的平均距离：7.783 亿千米

赤道直径：142 984 千米，是地球赤道直径的 11.2 倍

表面积：地球表面积 x 120.5

体积：地球体积 x 1 321.3

质量：地球质量 x 317.8

赤道重力：地球赤道重力的 236%

木星是离太阳第五近的行星。

木星绕太阳公转的周期是11.86个地球年。

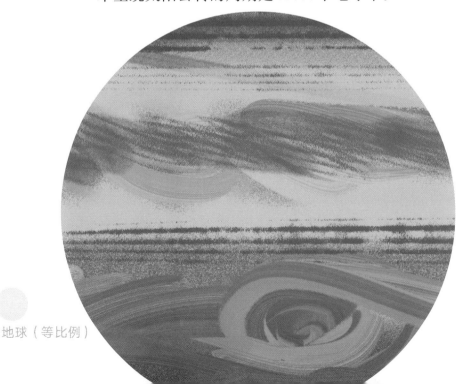

地球（等比例）

构造

木星有一个较小的岩石内核（与行星整体大小相比），内核外围是液态金属层，随着高度的增加，液态金属层平稳过渡为液态氢层。然后，这种液体变成了环绕行星的氢气大气层。尽管木星的体积更大，但其整体结构与土星相似。

木星表面的大红斑是一种巨大的飓风型风暴——这种飓风已经持续了三个多世纪（在1655年首次被观测到），但它可能存在的时间还更长一些。大红斑风暴比地球的两倍还大。木星上的风速通常达到1000千米/时。

到目前为止，已经确认的木星的卫星有79颗。其中四颗卫星足够大，意大利科学家伽利略在1610年就观察到了。它们被统称为伽利略卫星，分别是：木卫一（Io）、木卫二（Europa）、木卫三（Ganymede）和木卫四（Callisto），它们的大小和我们的月亮差不多。

木卫三

木卫一

木卫二

木卫四

木卫二 (Europa)

    木卫二，木星的"蓝色"卫星上真的有生命存在吗？目前，我们还不知道！木卫二是木星的第四大卫星，多亏了1989年发射的伽利略号探测器，它传回了许多关于木卫二的新信息，我们认为在厚厚的冰层下有一个地下海洋，那里可能存在着某种生命形式。

    但人们猜测，如果我们能在木卫二上着陆，并钻过几千米厚的冰层，是否真的能找到游动的鱼！实际上，更有可能发现像微生物一样的生物，但这对于科学家们来说，同样令人兴奋。

    但在未来的十年里，我们可能会得到更加清晰的答案！一项名为"JUICE"（木星冰月探测器）的新任务计划于2022年发射，对这颗神秘的卫星进行更近距离的观察。JUICE是由欧洲空间局设计的一个机器人宇宙飞船。它大约需要8年的时间到达木星，即于2030

年到达木星，并将用大约3年的时间来观察这颗巨大的气体行星及其三颗大卫星：木卫四、木卫三和木卫二。希望JUICE和同时进行的NASA任务——木卫二快船（Europa Clipper），能带给我们更多关于木卫二的信息。

目前，我们知道些什么？

我们知道下面这些：

- 木星是太阳系中最大的行星，木卫二是围绕木星运行的一颗冰冷的卫星。

- 到目前为止，已经发现了79颗木星的卫星，其中最大的4颗（包括木卫二）被称为伽利略卫星，因为它们是在1610年由天文学家伽利略·伽利雷发现的。当伽利略发现这些卫星围绕木星运行时，他意识到，并不是太阳系里所有的物体都像之前认为的那样绕着地球转！这彻底改变了我们在太阳系和宇宙中的位置。

- 木卫二比月球略小，但表面光滑得多。事实上，木卫二可能是太阳系所有物体中块状物和凸起物最少的了，因为它似乎没有山脉或陨石坑！

- 它有一层冰壳。科学家们认为，其下的海洋可能有100千米深。相比之下，地球上最深的地方是太平洋的马里亚纳海沟，深达11千米。

- 地壳上有独特的暗色条纹，这可能是木卫二早期暖冰层喷发形成的山脊。

木星四大卫星的命名

　　尽管伽利略发现了木星四颗最大的卫星，但是他并没有给它们命名。四大卫星的名字是由另外一位天文学家西蒙·马吕斯取的。在伽利略发现这些卫星的第二天，他也发现了它们，但直到 1614 年他才公布了发现的相关信息。

土星

离太阳的平均距离：14.3 亿千米

赤道直径：120 536 千米，是地球赤道直径的 9.5 倍

表面积：地球表面积 x 83.7

体积：地球体积 x 763.59

质量：地球质量 x 95

赤道重力：地球赤道重力的 91.4%

土星是离太阳第六近的行星。

土星绕太阳公转的周期是29.46个地球年。

地球（等比例）

构造

土星有一个炽热的岩石内核，它被液态金属层所包围，而液态金属层本身又被液态氢氦层所包围。有一个大气层围绕着这个星球。

据记录，土星大气中的风速最高可达1795千米/时。相比之下，地球上记录的最强风发生在1996年4月10日，西澳大利亚沿海的巴罗岛，风速为400千米/时，但是这直到2010年才被正式承认。人们认为龙卷风内部的风速有时可达480千米/时。不管这些风的破坏力有多大，但与土星的风相比，它们的速度还是很慢。

到目前为止，已经确认的土星的卫星有82颗[1]。其中7颗是圆的。土卫六（Titan）是土星最大的卫星，也是太阳系中已知的唯一拥有大气层的卫星。就体积而言，土卫六比水星大，是月球的3倍还多。

1　截至2023年6月，已经确认的土星的卫星有146颗。

土卫六 (Titan)

土卫六是土星最大的卫星，也是太阳系中第二大的卫星。只有木卫三（木星的卫星之一）比它大。

土卫六是由荷兰天文学家克里斯蒂安·惠更斯于1655年3月25日发现的。惠更斯的灵感来自伽利略发现的围绕木星运行的四颗卫星。土星有卫星围绕其运行，这一发现为17世纪的天文学家提供了进一步的证据，证明并不是太阳系中所有物体都像之前认为的那样围绕着地球运行。

土卫六绕土星一周需要15天22小时，这和其自转一周的时间是一样的，这意味着土卫六上一天就是一年！

土卫六是我们所知的太阳系中唯一一颗拥有稠密大气层的卫星。在天文学家们认识到这一点之前，他们认为土卫六的质量要大得多。土卫六的大气主要由氮气和少量的甲烷组成。科学家们认为这可能与地球早期的大气层相似，而且也许土卫六上有足够的物质来孕育生命。但现在这颗卫星非常寒冷，并且缺少二氧化碳，所以目前在那里存在生命的可能性很小。

土卫六也许能告诉我们很久以前地球上的情况，并帮助我们了解地球上生命的起源。

土卫六是太空探测器着陆的最远的地方。2004年7月1日，卡西尼 - 惠更斯号土星探测器抵达土星。它于2004年10月26日飞近土卫六，惠更斯号探测器与卡西尼号土星探测器分离，并于2005年1月14日在土卫六着陆。

惠更斯号探测器拍摄了土卫六表面的照片，发现那里在下雨！

探测器还在火星表面观测到了干涸的河床——"曾经有液体流过的痕迹"。卡西尼号后来证实那是碳氢化合物。

数十亿年后，当我们的太阳变成一颗红巨星时，土卫六可能会变得足够温暖而萌发生命！

土卫二（Enceladus）

　　土卫二只是一个围绕着冰冻的气态巨行星土星运行的小白点，其轨道位于土星环最稠密的部分。它只是土星82颗卫星之一，它不是最大的，也不是夜空中最显眼的。然而，目前科学家们认为，土卫二，这个以希腊传说中埋葬在埃特纳火山下的一个巨人的名字命名的卫星，可能是我们太阳系中最适合人类居住的地方之一。为什么？答案很简单……

水

　　这个形似斯诺克桌球（白色、球形，表面光滑如冰）的卫星似乎含有液态水。如我们所知，水是生命最重要的成分之一。早在1789年，著名天文学家威廉·赫歇尔就发现了土卫二,直到20世纪80年代初,两艘旅行者号宇宙飞船飞近它之前,土卫二一直都是个谜。旅行者2号发现,尽管这颗卫星很小,但它有多种不同的地貌。旅行者2号在一些区域观察到古老的陨石坑;在另一些地区,观察到地面最近受到火山活动的干扰。

土卫二上经常火山爆发。埃特纳火山向地球的大气层中喷出炽热的灰烬、熔岩和气体,而土卫二上的冰火山则向大气中喷出大量的冰,其中一些会以雪的形式飘到地表。卡西尼号太空探测器对土星及其卫星和土星环进行了长达13年的研究,已经拍摄了许多关于土卫二冰喷的照片。所以如果你能去到那里,那你就能在太空堆雪人!

一个非常特别的地方

除了液态水,土卫二可能还拥有其他各种有用的生命成分,如有机碳、氮和某种能源。研究土卫二的科学家最近表示,这颗卫星是一个非常特别的地方。这是否意味着土卫二上存在外星生命?在这个神秘世界的深处会有外星人吗?也许有一天,你能设计一个访问土卫二的机器人宇宙飞船,看看是否有外星巨人在这个遥远而迷人的小卫星的表面下睡觉!

行星环

1610年，伽利略用望远镜观察天空时，发现土星看起来和其他行星不太一样。有一阵子，他以为土星有耳朵！最终，天文学家们发现它其实被光环包围着。在此后的几个世纪里，我们对它们又有了更多的了解。

它们大多由冰构成，还有少量的岩石尘埃——微小如颗粒，大的有10米。土星环从土星赤道上方6 630千米延伸至120 700千米，平均厚度20米。

一些土星的卫星，在土星环内运行，如土卫十七和土卫十六。这些卫星被称为牧羊犬卫星。

关于土星环的起源有两种理论：一种是它们可能来自一个被摧毁的土星卫星；另一种是它们是土星形成时留下的物质。

土星并不是唯一一个有行星环的行星。木星、天王星和海王星也有行星环，但它们没有那么多，也不容易被观察到。

天王星

关键数据

离太阳的平均距离：28.71 亿千米

赤道直径：50 800 千米

表面积：地球表面积 x 15.91

体积：地球体积 x 63.086

质量：地球质量 x 14.536

平均温度：−197.2°C（−323°F）

天王星是离太阳第七近的行星。

天王星的自转周期是17小时14分钟。

天王星绕太阳公转的周期是84个地球年。

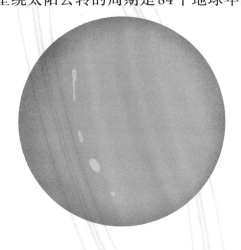

地球（等比例）

构造

古代天文学家就已经看到过天王星了，但那时他们以为它是一颗恒星。可能在公元前128年，古希腊天文学家希帕克斯的星表中就有记载——2世纪由托勒密接手并有所拓展。1781年，威廉·赫歇尔爵士记录并描述了它，但一开始他以为那是一颗彗星！

1986年，旅行者2号宇宙飞船飞近天王星：照片显示这是一颗蓝绿色的行星，没有任何斑点。科学家们认为其中心可能有一个小的岩石内核。它被一层厚厚的冰、氨和甲烷所包围。外层的大气主要是氢和氦。

天王星是两颗被称为"冰巨星"的行星之一，其自转轴倾斜的角度之大，以至于整颗行星似乎是躺着的。与金星一样，天王星也是绕太阳顺时针方向（或逆向）运行。

天王星有已知卫星27颗和至少13个暗行星环，从地球上看不到这些暗环。

海王星

关键数据

离太阳的平均距离：44.86 亿千米

赤道直径：48 600 千米

表面积：地球表面积 x 14.98

体积：地球体积 x 57.74

质量：地球质量 x 17.147

平均温度：–201°C（–394°F）

海王星是距离太阳由近至远的第八颗行星。

海王星的自转周期是18到20小时。

海王星绕太阳公转的周期是164.8个地球年。

地球（等比例）

构造

在许多方面，海王星和天王星很像。它也是一颗冰巨星，科学家们认为它也有一个小的岩石内核，周围是冰、氨和甲烷。大气主要由氢和少量氦组成。大气中微量的甲烷使星球看上去呈蓝色。

1989年，旅行者2号飞近海王星。根据旅行者2号传回的信息以及哈勃太空望远镜及地球上强大的天文望远镜观察到的数据显示，其气候包括大黑斑（the Great Dark Spot）—— 一个巨大的风暴系统；小黑斑（the Small Dark Spot）—— 另一场风暴；风暴云（the Scooter）—— 一群白云快速移动造成的风暴。

已经测量到的海王星上的风速接近超音速：2 200千米/时。大多数情况下，风向与行星自转方向相反，是逆向风。

海王星已知的卫星有14颗和4条非常微弱的行星环。

海王星的卫星之一——海卫一（Triton），是太阳系中唯一一个沿顺时针（逆行）轨道运行的卫星。

冥王星

我们的月球

地球（等比例）

在2006年8月之前我们认为有九大行星围绕太阳旋转：水星、金星、地球、火星、木星、土星、天王星、海王星和冥王星。当然，这九个天体仍然存在，并且和以前完全一样，但在2006年8月，国际天文学联合会决定将冥王星剔除"行星"名号，归为"矮行星"。

这是因为行星的定义发生了变化。我们太阳系中任何物体要想被称为行星，都必须遵守以下三条规则：

1）必须在围绕太阳的轨道上运行。

2）必须足够大，引力能够使其保持近乎球体的状态。

3）围绕太阳公转时，它的引力必须清除掉公转轨道附近区域的所有物体，以保证其轨道清洁。

根据这个新定义，冥王星不再是行星。它在围绕太阳的轨道上运行吗？是的。它近乎球形并一直这样吗？是的。它清理了其绕日轨道吗？不是，在它的轨道周围有很多岩石。由于不满足第三条规则，所以冥王星已从行星降级为矮行星。

其他八颗行星均符合这三条规则，所以它们仍然是行星。对于除太阳以外的行星和恒星，国际天文学联合会还同意了一项附加要求：该天体不应太大，不然以后其本身就可能成为恒星。

零星点点

除了行星和它们的卫星外，还有其他物体绕着太阳运行。小行星的大小从尘埃颗粒到矮行星不等。位于火星和木星之间的小行星带是由岩石和金属构成的一个非常大的小行星群。在这里，可能有近200万颗直径大于1千米的小行星。有些小行星大到足以命名，其中一颗谷神星被归为矮行星。它的直径将近1 000千米。科学家们认为小行星是太阳系中行星形成时留下的残余物。

柯伊伯带远在海王星之外的太阳系中，它比小行星带要大得多——至少是小行星带的20倍宽，可能是小行星带的200倍大！这里发现的小物体大多是由冰、氨和甲烷构成的。它们也被认为是太阳系形成时遗留下来的。矮行星冥王星就位于柯伊伯带。

系外行星

围绕太阳系外的恒星运行的行星被称为系外行星。截至2019年，已经发现了4 071颗系外行星。它们大多数都很大 —— 比地球大得多。

科罗（CoRoT）

2006年12月，一颗名为科罗（CoRoT Convection, Rotation and planetary Transits，对流、自转和行星凌日）的卫星被送入太空。它是一个太空望远镜。这项任务一直持续到2013年，当时由于电脑故障，无法从望远镜接收到任何信息，CoRoT被迫退役。CoRoT有很多发现，其中包括发现了32颗系外行星，它们可以通过地面望远镜得到确认。还有几百颗发现有待进一步调查证实。2009年发现的CoRoT 7b是第一颗被证明是由金属或岩石构成的系外行星。

半人马座
阿尔法

半人马座 α B 星

半人马座 α A 星

  半人马座 α 星系距离太阳只有4光年多，是离我们最近的恒星系统。在夜空中，它看起来只是一颗星星，但实际上是三胞胎。其中两颗恒星半人马座 α A 星（Alpha Centauri A）和 半 人 马 座 α B 星（Alpha Centauri B）与太阳类似，它们围绕一个共同的中心运行，公转周期约为80年，它们之间的距离大约是地球与太阳间距的23倍。在这个恒星系统中还有第三颗较暗的恒星——比邻星（Proxima Centauri），它围绕着另外两颗恒星运行，但与它们之间的距离非常遥远。比邻星是三颗恒星中离地球最近的一颗。

  α B 星是一颗橙色的恒星，比我们的太阳温度略低，质量略小。人们认为，半人马座 α 恒星系统比太阳系形成早10亿年左右。和我们的太阳一样，α A 星和 α B 星都是稳定的恒星，同样地，它诞生时可能就被尘土飞扬、形成行星的盘状物包围着。

2008年，科学家们提出，行星可能是围绕其中一颗或两颗恒星而形成的。天文学家在正通过智利的一架望远镜，非常仔细地观测半人马座 α 星光中的微小摆动，观测这个离我们最近的恒星系统的轨道上是否有行星运行。天文学家还在观测半人马座 α B 星，看是否会在这颗明亮而平静的恒星周围发现类似地球的世界。

从地球的南半球可以看到半人马座 α 星，它是半人马座的一颗恒星。它更确切的名字是 —— Rigel Kentaurus —— 意为"半人马的脚"。半人马座 α 星是它的拜尔命名（一种由天文学家约翰·拜尔在1603年引入的恒星命名系统）。

α A 星是一颗黄色的恒星，和我们的太阳非常相似，但是更亮一些，质量稍大一些。

α A 星和 α B 星是一对双星。这意味着，如果你站在绕其中之一运行的某个行星上，某些时候，你会在天空中看到两个"太阳"！

比邻星是一颗小恒星 —— 一颗红矮星。科学家们认为，它绕另外两颗半人马座恒星运行大约需要100万年。

到目前为止，在半人马座 α 系统中发现的唯一一颗行星是围绕着比邻星运行的。它比地球稍大一点，位于可能有水存在的适居带。

比邻星

巨蟹座55

巨蟹座55是一个位于巨蟹座方向、距离我们41光年的恒星系统。它是一个双星系统：巨蟹座55 A是一颗黄色的恒星；巨蟹座55 B是一颗小些的红矮星。这两颗恒星的公转距离是地球与太阳间距的1000倍。

这个恒星系统就是一个已经发现有行星家族的很好的例子。2007年11月6日，天文学家在巨蟹座55 A恒星周围的轨道上发现了当时破纪录的第五颗行星。

巨蟹座55 A周围的第一颗行星是在1996年发现的，它被命名为巨蟹座55 b，大小与木星相仿，运行轨道靠近木星。2002年，又发现了两颗行星（巨蟹座55 c和巨蟹座55 d）；2004年，人们发现了第四颗行星，与海王星大小相仿的巨蟹座55 e，它绕巨蟹座55 A运行一周只需3天。这颗行星的表面温度高达1500°C（2732°F），真是酷热难耐。

第五颗行星巨蟹座 55 f的质量约为土星的一半，它位于其恒星的适居带（或古迪洛克带）内，是一颗巨大的气体行星，主要由氦和氢组成，和我们太阳系中的土星很像。但可能有围绕巨蟹座55 f运行的卫星或位于巨蟹座古迪洛克带内的岩质行星，它们表面可能存在

"古迪洛克带"详见第66页

液态水。

巨蟹座55f以0.781天文单位的距离绕其主星运行。天文单位是天文学家用来描述轨道及天体之间距离的量度单位。

已知地球上有生命，地球表面有液态水，所以我们可以说距离太阳1天文单位或1.5亿千米的地方位于太阳系的适居带内。因此，对于质量、年龄和光度与我们的太阳大致相当的恒星来说，我们可以猜测，在距它约1天文单位，围绕它运行的行星可能位于古迪洛克带。巨蟹座55 A是一颗比我们的太阳更古老、更昏暗的恒星，天文学家计算出它的适居带在距离它0.5个天文单位到2个天文单位之间，也就是说巨蟹座55f恰好处于一个很好的位置！

1 Au = 从地球到太阳的平均距离

很难在一颗恒星周围发现多颗行星，因为每个行星都会产生自己的恒星摆动。要发现一颗以上的行星，天文学家需要在许多摆动中分辨不同的摆动！加利福尼亚的天文学家们20多年来一直在观测巨蟹座55，才发现了这些行星！

开普勒-90

更多的系外行星被发现。目前，保持拥有最多系外行星记录的是天龙座的一颗恒星——开普勒-90。它有八颗行星，和太阳拥有的行星数一样。它的第八颗行星是2017年发现的。谁会成为下一个打破纪录的恒星呢？

仙女座星系

仙女座星系（也被称为M31）是离我们银河系最近的大星系，它是本星系群中最大的星系。本星系群是一组邻近星系（数量至少40个），这些星系受彼此引力的强烈影响。

梅西耶星表

法国天文学家查尔斯·梅西耶（1730—1817）对彗星很感兴趣。他不断在天空中发现并非彗星的天体——它们挡了他猎彗的道儿——所以他把它们列了一张清单。现在我们知道它们其实是星系、星云和星团。梅西耶星表列出110个天体——前缀"M"表示梅西耶，这是一种方便的指代方式，科学家们已经在最初的名单上添加了更多的天体。

　　距离我们250万光年的仙女座星系实际上并不是离我们最近的星系（这个头衔可能应归属大犬座矮星系），但却是最接近银河系的大星系。

　　目前估算银河系质量更大（包括暗物质），但是仙女座星系恒星更多。

　　仙女座星系和银河系一样，都是旋涡形的。

　　和银河系一样，仙女座星系的中心也有一个超大质量的黑洞。

　　和银河系一样，仙女座星系也有几个（至少14个）矮星系在它周围的轨道上运行。

　　与大多数星系不同，我们从仙女座接收到的光是蓝移的。这是因为两个星系之间的引力正在克服宇宙的膨胀（宇宙膨胀会使星系彼此远离），仙女座星系以每秒约300千米的速度向银河系坠落。这两个星系可能在约45亿年后发生碰撞，并最终合并 —— 又或者刚好错过。星系之间的碰撞并非罕见 —— 小小的大犬座矮星系现在似乎正在与银河系合并！

太空中的人造卫星

卫星是围绕另一天体运行（或旋转）的星体，就像月亮绕着地球转，地球绕着太阳转一样，而且我们更倾向于使用"人造卫星"一词来表示那些通过火箭发射到太空执行某些任务的人造物体，比如导航卫星、气象卫星或通信卫星。

火箭是古代中国人在公元1000年左右发明的。几百年后的1957年10月4日，苏联人用火箭将第一颗卫星发射到绕地轨道上，开启了太空时代。人造卫星"斯普特尼克号"[1]轰动一时，这个小球体能够向地球发回

1　1957年10月4日，苏联发射的人类第一颗人造卫星，又叫"伴侣号"（Sputnik）。——译注

微弱无线电信号。

当时，它被称为"红月"，世界各地的人们都调好收音机来接收它的信号。位于英国卓瑞尔河岸天文台的Mark I望远镜是第一台用作追踪天线以绘制卫星航向的大型射电望远镜。紧随"斯普特尼克号"之后的是"普特尼克2号"，也叫"小狗尼克"（Pupnik），因为它搭载了一名乘客！一只名为"莱卡"（Laika）的狗成为了第一个从地球进入太空的生物。

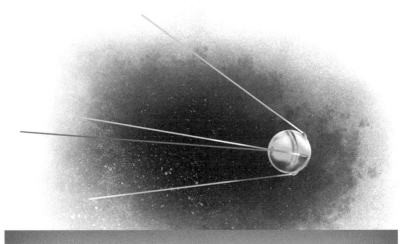

你知道吗？

第一个发表人造卫星数学研究报告的人是艾萨克·牛顿。他在1687年出版的《论宇宙的体系》一书中描述了"牛顿大炮"。他的想法是一个思想实验。

1957年12月6日，美国人试图发射他们自己的卫星，但卫星只离地1.2米时火箭就爆炸了。1958年2月1日，"探险者1号"取得了更大的成功，很快地球上的两个超级大国——苏联和美国——也开始争相成为太空中最伟大的国家。那时，他们对彼此都持怀疑态度，并很快意识到卫星很适合从事间谍活动。这两个超级大国希望利用从地球上方拍摄的照片，更多地了解对方国家的活动。卫星革命拉开了序幕。

卫星技术最初开发用于军事和情报资源。20世纪70年代，美国政府发射了24颗卫星，这些卫星发回了时间信号和轨道信息。这就产生了第一个全球定位系统（GPS）。这项技术帮助军队在夜间穿越沙漠，使远程导弹可以精准命中目标，如今数百万普通人使用这项技术来避免迷路！它也被称为卫星导航，它还能帮助救护车更迅速地到达伤者所在地，以及帮助海岸警卫队开展有效的搜救任务。

卫星的其他用途

卫星也彻底改变了世界各地的通信方式。1962年，一家美国电话公司发射了一颗名为"电星"（Telstar）的卫星，该卫星首次将美国的实况电视节目在英国和法国同步直播。英国人只看到几分钟的模糊图像，而法国人却能收到清晰的图像和声音，他们甚至设法回传了伊夫·蒙当演唱的《在巴黎的天空下》！在人造卫星出现之前，必须先拍成电影，然后用飞机将胶片转运至其他国家，才能在电视上播放。电星发射升空之后，世界上的重大事件（例如1963年美国总统约翰·肯尼迪的葬礼，1966年的足球世界杯）首次在全球范围内进行现场直播。移动电话和互联网是你如今使用卫星的另一种方式。

卫星影像不只用于间谍活动！从太空回望地球，使我们能够看到地球影像和大气的模式。我们可以利用它来测量土地使用情况，观察城市如何扩张以及沙漠和森林是如何变化的。农民使用卫星图像来监控他们的作物，并决定哪些田地需要施肥。

卫星改变了我们对天气的理解。卫星使天气预报更加准确，并显示出天气模式在世界各地出现和移动的方式。卫星无法改变天气，但它们可以追踪飓风、龙卷风和旋风，使我们能够发布恶劣天气预警。

20世纪90年代末，NASA的托帕克斯（TOPEX/

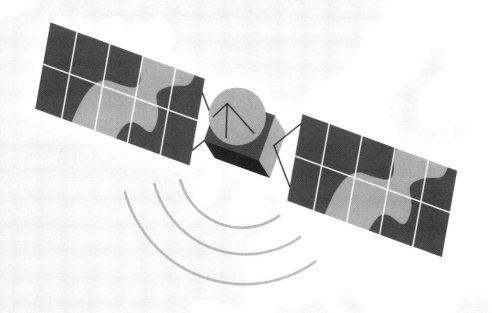

Poseidon）卫星测绘了海洋地图，为气象观测者发现厄尔尼诺现象提供了足够的信息。21世纪，NASA发射了一系列名为"杰森"（Jason）的新卫星，用来收集海洋影响地球气候的数据。这将帮助我们更好地了解气候变化，向我们展示极地冰盖融化、内陆海消失和海平面上升的详细图像——这些我们现在急需的信息！

正如卫星可以回望地球，改变我们对地球的认知一样，卫星也改变了我们对周围宇宙的认知。哈勃太空望远镜是第一个大型太空天文台。它围绕地球轨道运行，已帮助天文学家们计算出了宇宙的年龄，并显示出宇宙正在加速膨胀。

目前，大约有5 000颗卫星在环绕地球的轨道上运行，总覆盖范围囊括了地球上的每一寸土地。绕地轨道越来越拥挤，而且可能也很危险。近地轨道的卫星运行速度非常快——大约29 000千米/时。碰撞虽罕见，但一旦发生，将造成一片混乱！即使是一个以那种速度运动的油漆斑点，如果撞上了一艘宇宙飞船，也会造成损害。绕地飞行的太空垃圾可能有100万个，但其中只有约9000个比网球大。目前，科学家们正在研究如何收集和处理太空垃圾。

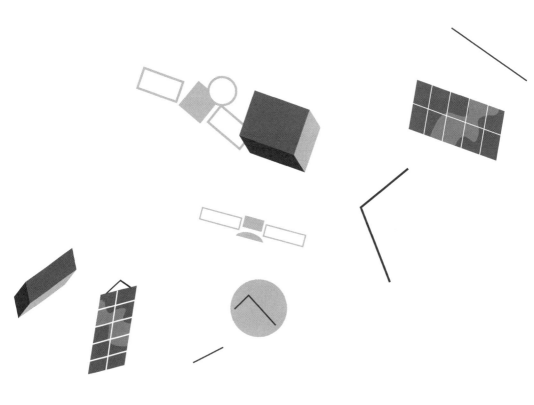

平行宇宙

托马斯·赫托格

比利时鲁汶大学 理论物理教授

我们的宇宙有可能只是一个更大的现实物理世界的一部分吗？这个世界远不止我们所认知的这一个宇宙，而是由无数个宇宙组成。多元宇宙的概念极大地挑战了我们的知识。毕竟，我们通常认为我们的宇宙就是一切。

但是，当今前沿的宇宙科学理论预测了多元宇宙的存在。像我们的行星、恒星和星系一样，我们的宇宙可能也只是众多宇宙之一。同时，多元宇宙的观点在科学家中仍具有很大争议。这是因为多元宇宙的概念似乎限制了科学对我们所在世界的解释。

简言之，了解多元宇宙的基本性质和我们在这个神秘整体中的位置，是我们这个时代最伟大的科学问题之一。

甚至有一些科学家认为，多元宇宙的概念根本不应被视为科学，因为我们无法从一个宇宙跳到另一个宇宙。

这个想法是如何产生的

我们可能生活在多元宇宙中，这一革命性见解萌芽于20世纪。20世纪20年代我们发现宇宙正在膨胀。膨胀意味着随着时间的推移会产生更多的空间，从而使星系彼此远离。但是宇宙膨胀还意味着，宇宙在遥远的过去一定处于一个完全不同的状态。从时间上追溯宇宙的演变，爱因斯坦的广义相对论预言，我们膨胀的宇宙一定有一个开端，这个开端大约在140亿年前，当时物质密度过高，摧毁了空间和时间的基本结构。这个宇宙起源被称为大爆炸。

有限的光速和有限的宇宙年龄，意味着天文学家只能在有限的距离内观测恒星和星系。这个距离就是我们的宇宙视界，它是我们可观测到的宇宙中最遥远的地方。如果太空是静止的，那么宇宙视界将在138亿光年之外，但由于太空自身也在膨胀，它将在420亿光年之外。

大爆炸详见
第5页

再谈量子理论

宇宙诞生之初，宏观世界的恒星和星系与微观世界的原子和粒子融合在一起。爱因斯坦相对论统治着前者，而粒子行为则由量子理论来描述。在大爆炸时，整个宇宙肯定像一个巨大的粒子。因此，为了描述大爆炸的极端条件，我们应该把爱因斯坦的相对论和量子理论结合起来，形成一个囊括量子和引力、包罗万象的统一框架。

但是量子理论预测了不同结果的概率。在论粒子的量子理论中，这些可能是在某个地方找到电子的概率。然而，应用于整个宇宙，找到的却是另一个完全独立的宇宙！从一开始的量子模糊，就可以演化出各种各样的宇宙。量子理论预测的不是一次大爆炸，而是许多次大爆炸，它们产生出各种不同的宇宙，每个宇宙都有自己的历史。多元宇宙的出现几乎是我们宇宙量子起源的必然结果。

它们在哪里？它们是什么？

构成多元宇宙的宇宙在哪里？一些科学家认为其他的宇宙实在是太遥远了。这些是宇宙的模型，其中的空间远远超出了我们的宇宙视界，甚至可能延伸到无限远。如果这是真的，那么可能会有无数个地球，读者们正在那些地球上阅读此书。这些其他的地球就像孤立的宇宙，位于彼此的宇宙视界之外。另一些人则认为，不同的宇宙在距离我们几毫米远的地方徘徊，但却在光线无法穿透的额外维度上。弦理论——当今最有前景的量子引力理论——预测了这种额外维的存在，它为多元宇宙提供了足够的隐藏空间。

或者，任何关于多元宇宙中其他成员相对于我们位置的概念，可能都没有任何意义。这是多元宇宙最激进的观点，也是量子理论最基本的暗示。在这种情况下，多元宇宙就像一颗有很多分支的树，每个分支对应一个代表整个宇宙进化的不同宇宙。史蒂芬·霍金曾经说过："历史有很多种，而宇宙遍历。"

弦理论详见
第108页

什么样的宇宙能够存在？整个多元宇宙树的物理定律是一样的吗？可能不是。物理定律是描述引力和基本粒子及其相互作用的一套简明规则。在弦理论中，这些定律是由额外卷曲维的形状来定义的。由于弦理论考虑到额外维的各种不同形状，它自然预测了许多不同的宇宙。弦理论家们目前正在研究多元宇宙中从一个宇宙分支到另一个宇宙分支所具有的物理特征。每个宇宙的物理定律都是在大爆炸的高温中形成的。我们周围的物质以及我们宇宙的整体结构，在某种程度上是我们这个宇宙如何形成的偶然结果。

如果我们看不到我们所在宇宙以外的宇宙，那我们为什么还要关心多元宇宙呢？为什么我们不能直接单拎出一个宇宙——我们的宇宙——而忘掉其他的宇宙呢？多元宇宙背后的量子理论不允许我们修剪多元宇宙树！物理上截然不同的宇宙组成了多元宇宙，但是它们在数学上被统一于一个整体框架中，该框架告诉我们一种宇宙普遍与另一种宇宙相关。这对于我们理解多元宇宙，和将这个想法转变为可以被证明的科学模型至关重要。

我们未必真实的宇宙

我得赶紧补充一句，我们可能并非生活在最可能存在的宇宙中！我们可能会发现自己处于一个多元宇宙的世界，在那里，物理定律能够解释复杂问题和生命的出现。这需要在各种粒子基本力和引力之间保持微妙的平衡，从而选择多元宇宙中宜居的宇宙分支。我们和多元宇宙一起演变，并且我预测，当多元宇宙的理念最终建立在坚实的科学基础之上，它将揭示我们（其中一个宇宙中的观察者）的存在和导致我们存在于此的物理定律之间的深刻联系。

你知道另一个宇宙吗？

并不是只有科学家从理论上解释多元宇宙的存在。许多写故事的人也常常写多元宇宙，通常称它们为"平行宇宙"或"平行世界"。你曾在书籍或漫画中遇到过平行世界吗？哪些和我们的世界是一样的，哪些又不一样呢？

第四章

暗物质

月球
阴暗面

　　听起来月球的阴暗面好像应该永远是黑夜，但任何一位善意的天文学家都会告诉你并非如此。首先，天文学家并不把它叫作月球阴暗面，而是称之为月球背面，因为月球的背面也分白天和黑夜，就像我们在地球上经历白天和黑夜一样。

　　当我们仰望夜空中的月亮时，不管我们在地球的什么地方，对我们而言它都是如此熟悉。我们每次看到它的特征都是一样的，因为我们总是在看月球的同一面。那么为什么我们永远看不到我们的老朋友——月球的另一面呢？

为什么我们看不到月球远侧?

　　月球自转同时绕地球公转。月球绕地球公转一周的时间和月球自转一周的时间是一样的,大约是 29 天。如果月球不自转,当地球绕太阳公转时,我们会看到它所有的面(近侧和远侧)。但是因为地球在自转,月球也在自转——地球的引力使月球的自转速度减慢至目前的速度——这意味着我们总是看到月球的同一面。

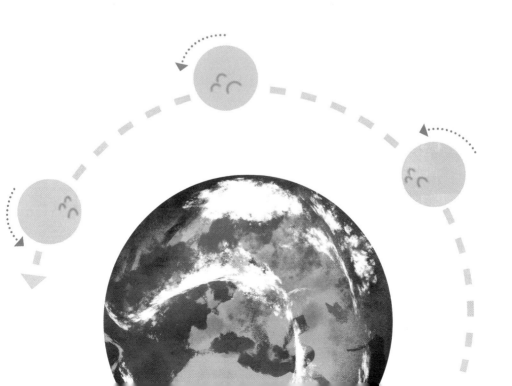

月相

　　地球绕太阳公转，月球绕地球公转，它们相对位置的变化引起了月球相位变化。

- 当月球位于地球和太阳之间时，我们称之为新月。从地球上看月亮是暗的，因为这是月球正面（离我们最近的一侧）的夜晚。
- 当地球位于太阳和月球之间时，我们称之为满月。如果你站在月球的正面，我们也许能从地球上看到你，仿佛你站在月球正午的阳光下一样！

　　虽然我们看不见月球的背面，但宇航员曾到过月球。其中一位宇航员说那里让他想起了孩子们的沙坑！

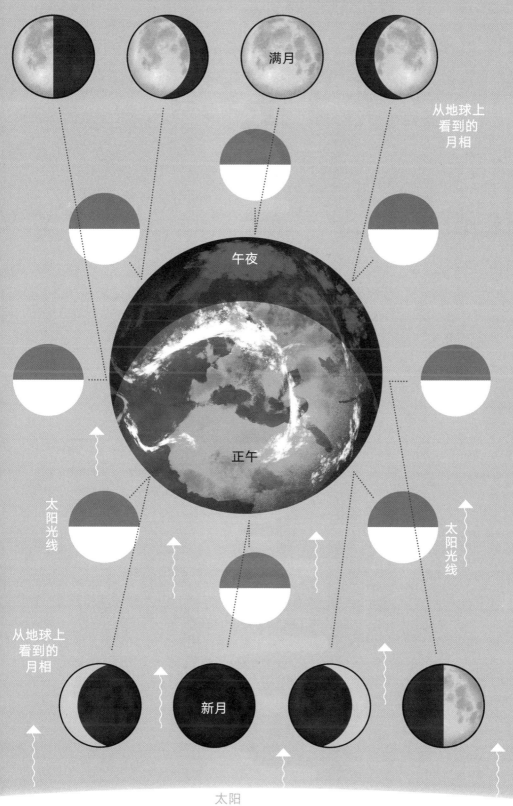

满月

从地球上看到的月相

午夜

正午

太阳光线

太阳光线

从地球上看到的月相

新月

太阳

宇宙黑暗面

保罗·戴维斯博士

美国亚利桑那州立大学物理系

我们已经了解了原子，那现在让我们来仔细瞧瞧它们是如何工作的……

世界是由什么构成的？

我们能够提出的最简单的问题之一就是：世界是由什么构成的？

很久以前，古希腊的德谟克利特假定宇宙万物都是由不可分割的积木组成的，他称之为原子。他是正确的 —— 在过去的2000年里，我们已经填补了相关细节。

我们日常生活中的所有东西都是由94种不同类型的原子组成的：元素周期表中的元素 —— 氢、氦、锂、铍、硼、碳、氮、氧、铀，一直到第94号元素。

196

植物、动物、岩石、矿物、我们呼吸的空气和地球上的一切都是由这94种基本要素组成的。我们还知道，我们的太阳、太阳系中的其他行星以及其他遥远的恒星都是由这94种化学元素构成的。我们非常了解原子，我们擅长把它们重新排列组合成各种不同的东西。化学就是利用原子来建造不同的东西，就像"原子乐高"一样。

元素周期表

元素周期表是所有元素的列表，按其原子的重量排序。氢是最轻的元素，钚是最重的元素。除了自然产生的 94 种元素外，科学家们还在实验室里创造出了另外 24 种元素。

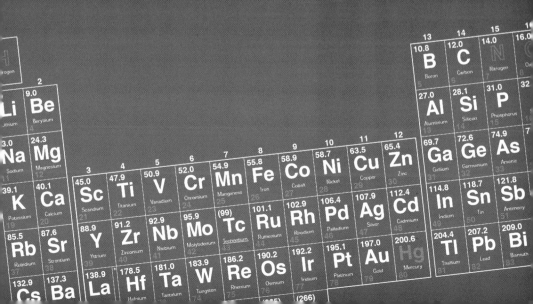

德米特里·门捷列夫
(1834 — 1907)

德米特里·门捷列夫，俄国化学家，出生于西伯利亚，是家里 17 个孩子中最小的一个。他的父亲是一名教师，在父亲双目失明后，不得不举家迁移至俄罗斯的圣彼得堡。

他在俄罗斯和德国学习化学，并最终成为圣彼得堡大学的教授，他在那里教授无机化学。到 1870 年，这所大学因化学研究而获得国际认可。

1867 年，门捷列夫着手撰写一本化学教科书。在他研究 65 种已知的化学元素时，他把每种元素及其性质都写在一张卡片上。当他移动着这些卡片时，他注意到它们似乎形成了图案。摆弄几个小时卡片后，他在办公桌前睡着了，但脑子并没有歇着。"我梦到一张桌子，桌子上所有的东西都按要求摆放到位。醒来后，我立刻把它写在一张纸上，后来只有一处作了必要的修改。"他醒后把卡片按原子量排列在一张表格里。

门捷列夫通过研究他的表格，能够预测 8 种尚未发现的元素的存在。1869 年，他向俄国化学学会展示了这个他命名为周期系统的成果。这就是我们现在所说的元素周期表。

门捷列夫对日常生活的许多方面都很感兴趣。他引入了公制单位，还帮助建立了俄国第一家炼油厂，不过据说，他曾表示将石油用作燃料"类似于用钱币烧厨房的炉子"。

他获得了许多荣誉，但没有获得诺贝尔奖——当他被提名为诺贝尔奖候选人时，一位与他意见相左的人极力反对，结果诺贝尔奖就授予了另一位科学家。现在，101号元素以他的名字命名为钔（Mendelevium）。

今天，我们知道除了我们的太阳系之外，还有更广阔的空间——一个大得令人难以置信的宇宙，宇宙中有数十亿个星系，每个星系又都由数十亿

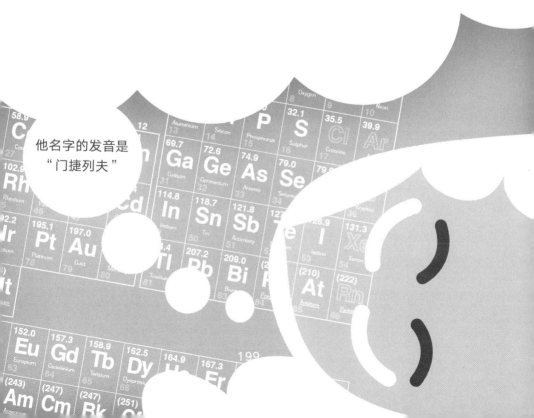

他名字的发音是
"门捷列夫"

199

颗恒星和行星组成。那么宇宙是由什么构成的呢？令人惊讶的是，虽然我们的太阳系和其他恒星及行星是由原子组成的，但宇宙中的大部分物质并不是由原子构成的；而是由非常奇怪的物质——暗物质和暗能量构成的，我们很了解原子，但对它们却知之甚少。

你知道吗？

在整个宇宙中，原子物质约占 5%，暗物质约占 27%，而暗能量约占 68%。

这些原子中只有大约十分之一是恒星、行星或生物，其余的可能以气态形式存在，由于温度太高而无法形成恒星和行星。

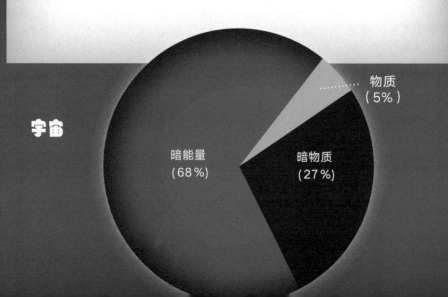

宇宙

物质
（5%）

暗能量
（68%）

暗物质
（27%）

暗物质
和
暗能量

暗物质

我们先从暗物质谈起吧。

我们怎么知道它就在那里呢？它是什么？为什么我们在地球上甚至在太阳上都找不到它呢？

我们知道它的存在是因为它的引力把银河系、仙女座星系和宇宙中所有其他大的结构联系在一起。仙女座星系的可见部分和所有其他星系，位于一个巨大的暗物质球体的中间（它比这些星系大十倍，天文学家称之为暗物质晕）。

如果没有暗物质的引力，大多数恒星、太阳系以及星系中的其他一切都将飞向太空，这将是一件非常糟糕的事情。

目前，我们还不知道暗物质到底是由什么构成的（像德谟克利特那样，他有一个"原子"的想法，但没有细节）。但我们知道它的确存在。

暗物质粒子与原子的组成粒子（质子、中子和电子）不同；它是一种新的物质形式！不要太惊讶了——我们花了将近200年的时间来识别所有不同种类的原子，随着时间的推移，发现了许多新形式的原子物质。

因为暗物质和原子不是由同一种物质构成的，所以它对原子毫无察觉（反之亦然）。此外，暗物质粒子对其他暗物质粒子也不敏感。物理学家会说暗物质粒子与原子及其自身的相互作用非常微弱，如果有的话。正因为如此，当我们的星系和其他星系形成时，暗物质仍然存在于弥漫的巨大暗物质晕中，而原子相互碰撞并下沉到暗物质晕的中心，最终形成几乎完全由原子构成的恒星和行星。

由于暗物质粒子的"羞怯"，因此恒星、行星和所有生物都是由原子而不是暗物质构成的。

尽管如此，暗物质粒子仍在我们周围嗡嗡作响——科学家们认为，在任何时候，一个大茶杯里大约都有一个暗物质粒子。这是验证该猜测的关键。暗物质粒子很害羞，但偶尔会在极其敏感的粒子探测器上留下蛛丝马迹。为此，物理学家们建造了大型探测器，并将它们置于地下（以免它们受到轰击地球表面的宇宙射线的影响），来观察暗物质粒子是否真的构成了我们的暗物质晕。

更令人兴奋的是，根据爱因斯坦著名的公式 $E=mc^2$，通过在粒子加速器上将能量转化为质量，从而创造出新的暗物质粒子。

位于瑞士日内瓦的大型强子对撞机是迄今为止建造的最强大的粒子加速器，它正尝试创造和探测暗物质粒子。

大型强子对撞机详见第95页。

天上的卫星正在寻找原子碎片，这些原子碎片是由晕中的暗物质粒子偶尔碰撞并产生普通物质时产生的（这与粒子加速器试图做的事情相反）。

如果这些方法中有一种或多种成功了，那么我们将能够证实，宇宙中除原子外的其他物质构成了宇宙的主体。

现在我们来谈谈科学中最大的谜团：暗能量。

这是一个大难题，要解决它甚至可能会推翻爱因斯坦的引力理论——广义相对论！

暗能量

我们知道宇宙一直在膨胀，在大爆炸后的138亿年里，它的体积一直在增长。自从1929年埃德温·哈勃发现宇宙膨胀以来，天文学家就一直在尝试测量由于引力作用导致的膨胀减速。引力是一种把我们拉向地球的力；使所有的行星都绕着太阳转，一般来说就是天然的宇宙黏合剂。万有引力是一种吸引力——它把物体拉在一起，使从地球发射的一切物体（不论是球还是火箭）减速。因此，由于任何物体之间都有吸引力，所以宇宙的膨胀速度应该会减慢。

1998年，天文学家们发现，这个简单但非常合乎逻辑的想法大错特错。他们发现宇宙的膨胀并没有减速，反而是在加速。（他们利用望远镜"时间机器"的功能得出结论：因为光穿过宇宙到达我们需要时间，所以当我们观察遥远的物体时，我们看到的其实是它很久以前的样子。他们使用包括哈勃太空望远镜在内的强大的天文望远镜观测得出，宇宙很久以前的膨胀速度更慢。）

怎么会这样呢？根据爱因斯坦的理论，某些东西——甚至比暗物质更古怪的东西，具有排斥性的引力。（"排斥性引力"指把物体推开而不是把它们拉在一起的引力，的确很奇怪！）它被称为"暗能量"，它可能如量子虚无能量般简单，也可能和额外时空维的影响一样复杂！又或者可能根本就不存在暗能量，我们需要更好的理论来取代爱因斯坦的广义相对论。

暗能量之所以成为一个如此重要的谜团，部分原因在于它掌握着宇宙的命运。现在，暗能量正在加速膨胀，宇宙也在加速膨胀，这意味着暗能量将永远膨胀下去，大约1 000亿年后，天空又会重回黑暗之中。

既然我们不了解暗能量，那么我们就不能排除它在未来某个时候突然急刹的可能性，甚至可能导致宇宙崩溃。

这些都是对未来科学家们的挑战——也许就是你？去探索和理解吧。

黑洞

史蒂芬·霍金教授

什么是黑洞？

黑洞是一个引力极强的区域，任何试图逃逸的光线都会被拉回来。因为没有什么东西的速度比光速更快，所以其他的东西也会被拽回来。如果你掉进了一个黑洞，那么你将再没有机会逃出来。黑洞一直被认为是无法逃脱的终极牢笼。掉进黑洞就像从尼亚加拉大瀑布上掉下来一样：你不可能沿来时的路返回。

黑洞的边缘被称为"视界"。它和瀑布的边缘很相像。如果你在边缘上且划得足够快就能够逃离，但你一旦穿过边缘，那就注定无法逃离。

随着越来越多的东西落入黑洞，它会变得越来越大，视界会向外移动得越来越远。这就跟喂猪一样，你喂得越多，它就长得越大。

黑洞是如何形成的？

要制造一个黑洞，你需要把大量的物质挤压到一个非常小的空间里。那么引力就会很强，光线会被拉回来，无法逃逸。

科学家们认为，形成黑洞的一种方式是：恒星燃尽后像巨大的氢弹一样爆炸。这些爆炸被称为超新星。爆炸会将恒星的外层剥离成一个巨大的膨胀的气体外壳，并将中心区域向内挤压。如果恒星足够大（至少是太阳的三倍大），就会形成黑洞。

超大的黑洞形成于星系团内部和星系中心。这些区域将包含黑洞和中子星。黑洞与其他物体之间的碰撞将产生一个不断扩大的黑洞，它会吞噬任何靠得太近的物体。在我们的银河系中心，有一个质量是太阳几百万倍的黑洞。

中子星

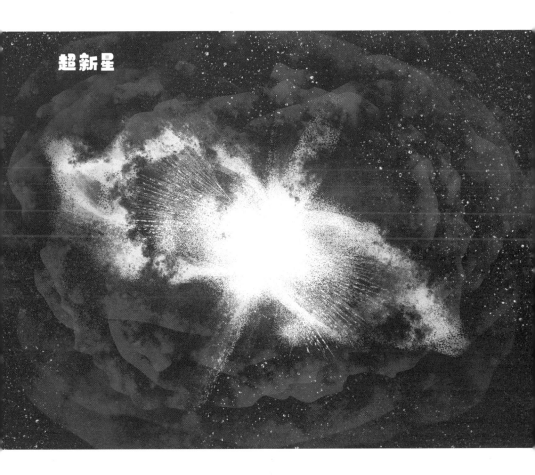

超新星

当大质量恒星的燃料耗尽时，它们通常会将所有外层物质以超新星爆炸的形式释放出来。这样的爆炸强大而明亮，能够发出数十亿颗恒星聚集在一起发出的光。

但有时，这样的爆炸并不能排出所有的物质。有时，恒星的核心（一个球）留了下来。超新星爆炸后，这些残骸非常热，大约100 000°C，但没有更多的核反应来维持这个温度。

有些残骸非常巨大，在引力的作用下，直径会坍缩至只有几十千米宽。要做到这一点，这些残骸的质量应是太阳质量的1.4至2.1倍。

这些球体内部的压力极大，以至于内部物质都变成了液体，被大约1.6千米厚的固体外壳所包围。液体通常是由留在原子核的中子组成的，所以这些球被称为中子星。

在中子星里也有其他粒子，但它们主要是由中子组成的。目前地球上还没有制造这种液体的技术。

现代望远镜已经观测到许多中子星。由于它的核心是由其内部锻造的最重的元素构成的（比如铁），所以它们非常重（大约和太阳差不多）。

质量比太阳质量的2.1倍更大的残骸，无法阻止自身坍缩成为黑洞。

中子星

像太阳一样的星星

像太阳这样的恒星不会爆炸成超新星，而是变成红巨星，其残余的质量不足以在其自身重力作用下坍缩。它的一些外壳散布在空间中。内核会冷却和收缩，这些内部残骸被称为白矮星。

质量不到太阳1.4倍的恒星残骸就会变成白矮星，不过白矮星可能非常小（大约和地球差不多）。

白矮星会在数十亿年的时间里冷却下来。

如何才能看到黑洞？

肉眼能看到黑洞吗？答案还是看不到！没有光能从黑洞里逃出来。这就像在一个黑色的地窖里寻找一只黑猫。科学家们通过黑洞对其他物体的引力来探测它的存在。他们看到恒星围绕着某个他们看不见的物体运行，那只能是黑洞。他们还看到气体和尘埃圆盘围绕着一个他们看不见的中心物体旋转，那只能是黑洞。

第一张照片

2019年4月，事件视界望远镜提供了第一张黑洞的照片！望远镜背后的团队包括29岁的凯瑟琳·布曼，她编写了第一张黑洞照片的关键算法之一。照片中的超大质量黑洞位于大星系M87的中心。它看起来很像一个在黑色背景上发光的模糊环形甜甜圈。

事件视界望远镜

事件视界望远镜不是单指一个仪器。它是分布在世界各地的一系列射电望远镜。2009年，许多国家联合起来建立了这个组织。目前有20个成员国，还有更多的国家正在加入。这些望远镜一起工作可以形成一个口径等效于地球直径的虚拟望远镜。

掉进黑洞

正如你会掉进太阳一样，你也会掉进黑洞。如果你脚先着地，那么你的脚会比你的头更靠近黑洞，而且会被黑洞的引力拉得更厉害。所以你会被纵向拉伸，然后向侧面挤压。黑洞越小，这种拉伸和挤压就越强。如果你掉进了一个只有太阳几倍大小的恒星形成的黑洞，在你到达黑洞之前，你就会被撕裂，变成意大利面。

但是，如果你掉进一个超大的黑洞，你将会经过视界——黑洞的边缘和无返点，并且你不会特别注意到别的东西。然而，在远处看着你坠落的人永远不会看到你穿过视界，因为引力会扭曲黑洞附近的时间和空间。对他们来说，当你接近视界时，你会变得慢下来，变得越来越暗。你会变得越来越暗是因为你发出的光需要越来越长的时间才能离开黑洞。如果你戴着手表在11点时穿越视界，那么看你掉落的人会看到你的手表慢了下来，但永远到不了11点。

逃离黑洞

过去人们认为没有什么东西能从黑洞里逃出来。毕竟，这就是它们被称为黑洞的原因！人们认为任何落入黑洞的东西都会永远消失，并且黑洞会一直存在到世界末日。黑洞是永恒的牢笼，没有逃脱的希望。

但后来人们发现，这并不完全正确。空间和时间的微小波动意味着黑洞并非像以前认为的那样，是一个完美的陷阱。相反，它们会以霍金辐射的形式缓慢地泄露粒子。黑洞越大，泄漏速度越慢。

霍金辐射使黑洞逐渐蒸发。蒸发的速度一开始会很慢，但随着黑洞变小，蒸发速度会加快。最终，在数十亿年之后，黑洞会消失。所以黑洞终究不是永恒的牢笼。但黑洞里的囚犯——那些制造黑洞或者后来掉进去的东西呢？它们将被回收再利用为能量和粒子。但是如果你仔细检查从黑洞里出来的东西，你能够复原里面的东西。所以掉进黑洞的东西不会永久地失去记忆，只会失去很长一段时间。

你可以从黑洞里出来！

奇点

奇点是物理学家在运算中出现可怕错误的地方！例如，当你接近黑洞的中心——一种类型的奇点，时空曲率增长到无穷大，常规的数学法则在其正中心失效（他们说除以0，可大家都知道0不能做除数！）

有时，物理计算做出的假设在某一点上是错误的，然后就会发现一个奇点。一旦理解了这一点，就可以调整计算，从而修正错误，使数学运算正确，结果奇点就消失了！

越有趣的奇点越难以摆脱，这就意味着需要一个新的理论。例如，黑洞和大爆炸奇点出现在广义相对论运算中。也许我们需要一个全新的数学理论来理解到底发生了什么，并在宇宙中的这些地方得到合理的结果。

对于科学家来说，这是一个热门的研究领域，他们希望万有理论能够消除这些奇点。

大爆炸

时空曲率变得

无穷大

物质的密度变得

无穷大

温度变得

无穷大

宇宙中我们所见之空间

达到零尺寸

所有回到过去的道路都将

终结

奇点也被称为初始奇点，因为它位于时间的起点。

走向黑暗

如果灯灭了会发生什么

　　如果所有的灯都突然熄灭了会怎么样？你能想象因为没电而生活在黑暗之中吗？想象一下，如果你不得不在太阳下山的时候睡觉——在世界上的某些地方，冬天下午4点，你就可以钻进被窝睡觉啦！天文学家可能会感到兴奋，因为没有电灯，就意味着没有光污染破坏他们的夜空视野，但他们可能也会发现，日常生活比平时更麻烦！

为什么我们可能会失去电力呢

　　各种各样的原因可能会导致地球上大规模停电。

- 恐怖主义行为或战争事件，可能会摧毁发电站。
- 我们可能会面临电力供应问题，因为地球上的人越来越多，需要越来越多的电力供应。
- 地球上已然糟糕的天气经常导致成千上万的家庭失去电力供应。

太阳的重要性

不仅仅是地球上的天气会让你的家里停电，专家们认为，在未来几年里太空天气也会严重影响我们的电力供应。当然，我们大部分的光线来自太阳，但是太阳也会影响我们的天气。日冕物质抛射（CME）——太阳释放出大量的太阳物质和能量，可以引起磁暴或辐射水平上升。这些会破坏地球上的电力网和无线电通信。

日冕物质抛射常发生在太阳活动高峰期——每隔11年就会进入一次太阳活动高峰期。研究太阳的科学家们认为，2013年至2015年期间，地球处于太阳活动高峰期，非常有利于北极光的观测。北极光是一种北方天空出现彩色光的壮观夜象，它是由太阳风中的电子和质子与大气中的气体相互作用产生的。但太阳活动高峰期经常会造成地球上的电力供应问题。

所以……如果灯灭了，生活会是个什么样子？

早在发明电灯泡之前，人类就已经在地球上生活很长时间了！所以没有电灯我们也能过得很好。我们在家可以用蜡烛或油灯来照明。

现代技术还为我们提供了更多的选择，我们可以在断电时使用电池或太阳能灯。但是一旦太阳落山，光线就会比平时少得多。我们必须注意，不要耗尽我们的光源，尤其是在我们不知道会停多久电的情况下。

热

大多数人靠电取暖。即使是家里有燃气炉的人，他们也需要用电才能点火，不然他们家里还是没有暖气。我们很多人用电做饭 —— 所以我们不得不重新考虑如何做一顿热饭。以及如何保鲜，因为即使在寒冷的温度下，如果没有冰箱或冰柜，食品保鲜也会成为一项挑战。有了烧木头的炉子和大量的圆木，我们可以挤在一起取暖。不过我们将不得不穿厚点，并早早上床睡觉。

水

你可能压根儿一滴水也没有！即使你还有自来水，但是很快这些水就会不够干净，无法饮用。没有电，大量的净水厂和污水处理厂就会停止运转。所以你必须通过过滤和煮沸，才能使水达到饮用标准。你不得不亲自动手烧热水洗澡和洗衣服，因为机器没法儿工作。

娱乐

我们可以打着火把玩拼字游戏（非在线版棋盘游戏），穿着冬衣，晚上围着柴火或煤火坐着，吃着我们在火上烤热乎的食物！但是我们不能看电视或玩电脑游戏。除非你有太阳能充电器，否则你的手机会很快就没电。你也许可以使用固定电话，因为电话系统与主电网在不同的网路上。此外，如果你有上发条的收音机，则可以收听广播，这将是获取新闻和实况的好方法。

对于地球上的大多数人来说，没有电的生活会很不一样！如果你的生活中没有电，你认为你的生活将有何改变？

你知道吗？在布里斯托的一家科学博物馆里，有一台自行车驱动的电视机，自行车的脚踏板转动越快，电视画面越清晰。你想去看一看吗？

黑洞

萨沙·哈科
剑桥大学 天体物理学家

　　任何两个物体之间都存在引力，地面和你的脚之间；你的身体和这本书之间；甚至本书的书页之间！引力的大小取决于物体的质量。本书的书页很轻，所以它们之间的引力很小可忽略不计。但是当有像地球或太阳那么大的物体存在时，我们就会开始感受到引力作用。太阳和地球之间的引力使地球围绕太阳运行。正是地球的引力使我们乖乖地待在它的表面上 —— 如果我们跳起来，总是会再落回地面。如果我们把球抛向空中，它也会掉下来。但如果我们把它扔得够狠（非常、非常狠！），那么它就会飞得快到脱离地球的引力，再也回不来了。这就是我们把火箭送上月球的方法——我们必须以极快的速度把它们发射到太空。

物体脱离地球引力所需的特殊速度叫作逃逸速度。它取决于地球的质量：比地球质量更大的物体具有更高的逃逸速度。我们必须以极快的速度发射火箭，才能阻止它回落。当物体相当大时，引力也非常强，因此其逃逸速度可以达到光速。没有什么东西的速度能超过光速——这是我们普遍的速度极限。这意味着任何东西，甚至是光，都无法从这些巨大的物体中逃脱——它们吸进了周围的一切。这些巨大的物体被称为黑洞。黑洞周围的光因靠得"太近"而被吸进去的距离被称为黑洞的视界。所以，从某种程度上来说，"黑洞"这个名字有点奇怪：它根本不是一个真正的洞，它实际上充满了大量的物质！

黑洞是什么样子的？

我们通过物体反射的光线并进入我们的眼睛才看见东西。但问题是，光线无法从黑洞反射出来，因为一旦光线穿过视界，它就会被吸进去，出不来了。这意味着我们无法直接观测到黑洞！这就是黑洞得名的原因，对于我们来说，它们看起来就像黑色的真空。

如果我们看不到黑洞，那我们怎么知道它们的存在呢？

正如史蒂芬·霍金早些时候解释的那样，我们可以通过观察物体如何围绕黑洞运动来探测黑洞的存在。黑洞巨大的引力使物体（比如附近的恒星）的运动轨迹与不存在黑洞时的运动轨迹迥然不同。我们可以观察这些恒星是如何运动的，即使我们不能直接观察到黑洞，也能探测到附近一定有一个黑洞。这只是间接证据，所以直到几年前，一些人还在质疑黑洞的存在。自霍金最初的文章——《现在能直接观测到黑洞了！》发表以来，已有了重大进展。

大约13亿年前，两个黑洞相撞，导致了一次巨大的爆炸，冲击波向外进入太空。这些引力波从黑洞向外扩散，并一直在宇宙中穿行，这就像你把一颗鹅卵石扔进池塘，水面上泛起一层层涟漪并向外扩散。2015年9月14日，这些涟漪终于经过地球，并且在太空中产生了微小的涟漪。美国的一个探测器捕捉到了这个微小的变化，向我们诉说了多年前的这个惊人事件。因此到2015年，我们已经掌握了黑洞存在的直接证据。

直到2019年拍到了黑洞的照片，我们观测黑洞的能力才令人振奋。图像上有一个黑圈，周围被明亮的光晕包围着。明亮的光环是由于黑洞附近的极端重力导致的光弯曲。黑圈是一个巨大的黑洞，比我们整个太阳系还大。地球上的8个望远镜协同工作才拍下了这张照片，这是一个了不起的成就。

有东西能从黑洞逃逸吗？

史蒂芬·霍金在他早期的文章中写道，即使黑洞把一切都吸进去了，但也有可能"以霍金辐射的形式缓慢地泄漏粒子"。这是霍金最伟大的发现之一。随着时间的推移，能量以这种辐射的形式从黑洞中泄漏出来。这意味着如果我们等得足够久，黑洞就会蒸发。黑洞蒸发的想法在科学家中引起了巨大的争论。一旦黑洞蒸发，最终就只剩下一无所有的空间。但是所有掉进去的东西呢？霍金在他的文中解释道，所有掉进去的东西都被包含在霍金辐射中。他说，"所以黑洞终究不是永恒的牢笼……落入黑洞的记忆并不会永远消失，只是会消失很长一段时间。"这实际上是相当有争议的！问题是，没有人能够证实，这只是霍金的启发性想法。在霍金生命的最后十年里，他极其努力地证明该论点。他最后几年发表了一些著名的文章，在解释最初构成黑洞物质的变化方面取得了很大的进展。虽然目前还没有任何证据，但霍金很有可能是对的。

UNLOCKING THE UNIVERSE
时间简史
儿童版（下）

STEPHEN HAWKING & LUCY HAWKING

[英] 史蒂芬·霍金　[英] 露西·霍金 著

[瑞典] 简·比莱基 绘图

杨杉 译

湖南科学技术出版社

第五章

宇宙中的生命

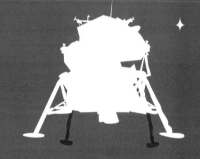

我们为什么要进入太空？

史蒂芬·霍金教授

我们为什么要进入太空？为什么要费尽心思、花那么多钱去买几块月球岩石呢？难道我们在地球上就不能做些更值得的事情吗？

因为进军太空将会产生不可思议的影响。它将彻底改变人类的未来，它能够决定我们是否还有未来。

它不会解决我们在地球上所面临的当务之急，但它将帮助我们以一种全新的方式看待问题。在这个日益拥挤的星球上，我们需要向外眺望整个宇宙，而不仅是囿于自我，这一时刻已经来临。

人类短期内不会向太空迁徙。我的意思是，这可能需要几百年，甚至几千年的时间。我们可以在30年

内在月球上建立基地，50年内到达火星，200年内探索系外行星的卫星。我所说的到达是指载人（或者我应该说有人操纵的）飞行。我们已经在火星上进行着漫游者任务，并在土卫六（土星的一颗卫星）上着陆了一个探测器，但当我们探索人类的未来时，我们必须亲自去到那里，而不仅仅是派机器人去。

但是去哪里呢？既然宇航员能在国际空间站生活几个月，那么我们知道人类可以在远离地球的地方生存。但我们也知道，生活在零重力的空间站里，仅仅是喝一杯茶都很困难！长时间生活在零重力环境下对人类健康不是很好，所以如果我们要在太空建立基地，我们需要建在行星或卫星上。

零重力

"零重力"是一个经常用来描述失重状态的术语。长时间处于失重状态会影响人体健康。有些人在经历失重后会患太空病（如头晕、头痛），但这种状态正常不超过3天。长时间失重后还会出现肌肉萎缩，所以宇航员在太空中会经常锻炼。另外，失重会使血液流动减慢，体液会重新分配，使宇航员的脸看起来浮肿：这种情况被称为"月球脸"。但在宇航员返回地球以后，这些变化都会很快消失。

那么我们应该选择哪一个星球呢？很显然应该是月球。一方面，它距离我们很近，很容易到达。我们已经在月球着陆过了，而且驾驶月球车在它表面穿梭。另一方面，月球很小，没有像地球上那样的大气层或磁场使太阳风粒子发生偏转。月球上没有液态水，但在南极和北极的陨石坑里可能有冰。在月球上的基地可以利用这些作为氧气和水的来源，利用核能或太阳能板提供能量。月球可能是前往太阳系其他地方的基地。

那火星呢？它是我们的第二个选择。火星比地球距离太阳更远，所以它从阳光中获得的热量更少，温度更低。火星曾经有一个磁场，但在40亿年前它就消散了，这意味着它的大部分大气都没有了，它的大气压只剩下地球大气压的1%。

在过去，大气压一定更高，因为我们可以看到干涸的河道和湖泊。火星上现在肯定不存在液态水，因为它会蒸发。

但是，在火星两极有大量的水以冰的形式存在。如果我们住在火星上，则可以加以利用。我们还可以利用火星带到地表的矿物和金属。

所以月球和火星可能适合我们，但在太阳系中我们还能去哪儿呢？水星和金星太热，而木星和土星是气态巨行星，没有固体表面。

我们可以试试火星的卫星，但它们非常小。木星和土星部分卫星可能更合适。土卫六是土星的卫星，它的大小和质量都比月球更大，而且有浓密的大气层。美国国家航天局（NASA）和欧洲空间局（ESA）合作的"卡西尼-惠更斯"计划已有探测器在土卫六上着陆，并发回了土卫六表面的照片。然而那里非常冷，离太阳太远，况且我们也不想住在一个液态甲烷湖泊的旁边！

那么太阳系之外呢？通过对整个宇宙

土卫六详见第159页

的观察，我们了能到很多恒星都有围绕其运行的行星。起初，我们只看到木星或土星那么大的行星，但现在我们开始发现更小的类地行星，其中一些将位于适居带，适居带中的行星与其母星的距离适中，液态水正好能够在它的表面存在。在距离地球10光年的范围内可能有1000颗恒星。即使这1000颗恒星中只有1%在适居带拥有和地球差不多大小的行星，那我们也有10个候选的新世界。

目前我们还无法在宇宙中进行远距离旅行。事实上，我们甚至无法想象我们该如何能够走完这么长的距离，但这是我们未来200至500年的目标。人类作为一个独立的物种已经存在了大约200万年。人类文明始于1万多年前，其发展速度一直在稳步提升。现阶段我们可以大胆地勇往直前开创未来。谁知道我们会发现什么，又会遇见谁？

还记得"古迪洛克带"吗？如果搞忘了，请翻到第66页看看吧！

火星上真的有生命吗？

火星人的存在意味着什么？

美国国家航天局的科学家们发现，在火星的夏季几个月里，水会沿着峡谷和陨石坑壁向下流动，到了温度较低的秋季，水流干涸。我们尚不知道这些水从何而来——也许是地面升腾，也许是在稀薄的火星大气中凝结而成。但振奋人心的是，这使我们探寻太阳系生命的旅程又向前迈进了一步。

科学家们认为哪里有液态水，哪里就会有生命！

我们未来的基地

这一发现也意味着在火星上建立人类的基地可能会更容易！如果能就地解决水源供给，将解决未来火星任务的一大难题。

离火星生命又近了一步！

为火星建造火箭

阿廖申·托马斯

美国国家航天局（NASA）航天工程师

在我的成长过程中，我对数学和科学一直很感兴趣，但我真正热爱的是芭蕾。在我上高中的时候，我参加了一门非常有挑战性的数学科学课程——它的课业负担很重，几乎不可能抽出时间来学习芭蕾。但我还是很想兼顾学习和爱好！经历了艰辛的一年后，我选择了另一门课程，同时还可以灵活地安排芭蕾学习。这是一个很棒的决定，因为我可以一边跳舞，一边准备大学的工科学习。

我现在在NASA工作，但我仍然在晚上和周末练习和表演芭蕾，我享受着世界上最美好的两件事！

作为NASA的一名工程师，我正在协力开发最终前往火星的太空发射系统（SLS）火箭。我非常高兴能够参与这个伟大的项目。

目前，NASA正准备发射"阿尔忒弥斯1号"执行绕月飞行任务，这是"猎户座"多用途载人飞船的第二次飞行计划，计划使用太空发射系统，我负责设计火箭的容积隔离器部分，确保它适合本次飞行负载及飞行条件。

容积隔离器用于火箭某些部分内存储净化气体。这些净化气体使各部分内部的敏感仪器保持适宜的温度和湿度。这一点很重要的，因为火箭有低温燃料——这使它在某些地方非常冷，但是邻近的仪器需要加热才能正常工作。

阿尔忒弥斯计划最初称为"探索任务1号"（EM-1）。2019年更为现名。

我负责的容积隔离器位于火箭顶部附近，火箭载人舱下方，该火箭载人舱被称为多用途载人飞船阶段适配器，简称MSA。MSA隔板用在此处以确保隔离器下面的环境由净化气体适当调节至适宜状态。

MSA隔板需要承受发射时的力，所以它必须足够坚固。

同时它又要尽可能地轻，以减少发射载人飞船时所需的燃料量。

是 个 挑
战，对吧？

我们是如下这样
处理的。

MSA隔板呈穹顶状，
直径5米，由一种高强度轻质
材料制成，称为碳复合材料。

碳复合材料是由一层层的碳纤维与
环氧树脂胶合而成。在制作MSA隔板
时，碳纤维层被放置在一个大型碗形模具
内。为了使最终成品具有准各向同性，每
一层纤维都需按照不同的角度铺设。这意味
着无论朝向如何，穹顶的强度都是一样
的——这一点非常重要。如果每一层纤维
的铺设角度不变，那么最终成品会在某个
方向上表现强势，而在其他方向上相对较
弱。MSA隔板的每一层都在模具中铺设好
后，再将整个模具放进一个巨大的烤箱中进行固化定
型。一旦MSA隔板变硬，就把它从模具中撬出，并添
加螺栓孔，让它能连接到MSA上。

通过分层方式创造出高强度轻质结构的方法也用
于芭蕾舞鞋的生产过程当中，我跳舞时穿在脚上的芭
蕾舞鞋都设计了一个坚固且轻便的鞋头，包裹着我的
脚趾，为我的脚趾提供平衡、旋转甚至跳跃所需的支
撑。这个鞋头是由分层织物和胶水做成的，和MSA隔

板很像。

不是每一个看到火箭零件的人都会联想到芭蕾舞鞋，但是我的生活经历让我以一种独特的方式看待这个世界。透过你生活中的爱好，你将会以自己独特的视角看待这个世界。

在NASA，我们的目标团队是每位成员拥有各自独特的视角，这样我们就可以从多个角度来看待问题。这种多样性帮助我们战胜了许多建造火箭的挑战——一枚可以一直飞往火星的火箭。

想象火星上的生命

凯莉·杰拉迪

航天专业人士

火星宇航员

我通常喜欢晚睡，每年生日那天早上，我似乎都因为兴奋而异常清醒。去年也不例外，2月16日的早晨，我从床上跳了起来。不过有些反常，窗外没有鸟儿叽叽喳喳，厨房里也没有飘来我最爱的早餐的香味，也听不到家人在楼下走动的熟悉的声音。

然后我才想起今年生日我不在家中。实际上，我甚至都不在地球上！我和其他6名来自世界各地的科学家在火星上体验生活。

你有没有想过生活在另一个世界会是什么样子？人们很容易忘记地球并不是太阳系中唯一的行星。其他7颗行星也像地球一样绕着太阳转！这对我们来说是个好事，因为有一天人类可能需要找到一个新家园。一直以来，我们并没有好好照顾我们的地球，有一天地球会因为温度过高而不再适合居住。除了全球变暖，我们还不该忘记恐龙！这些庞然大物统治地球超过1.65亿年，直到一颗小行星撞击地球，毁坏了它们的家园，这才导致恐龙灭绝。我们现在有专门的软件可以远程追踪小行星，但如果我们想让人类这个物种继续幸存100万年，那么我们需要分散开来，学习如何在太空中生活。

但是我们不是随便在哪里都能住下来！我们需要找到一颗合适的行星，不能是像金星和水星一样离太阳太近且太炎热的行星；也不能是像天王星和海王星一样，离太阳太远且太寒冷的行星；而且还不能是像木星和土星那样的气体行星！那么就只剩下火星了——我们的红岩邻居。许多宇航员都曾到过太空，但除了几次抵达月球的短途旅行外，他们从未远离过地球。没有人去过火星，但我们现在开始为火星之旅做准备。想象一下，如同一段连续200多天没有休息站的汽车之旅。这就是宇航员们到距离地球2.25亿千米或1.4天文单位的火星旅行所需要的时间！当你离家那么远的时候，没有人能给你额外的食物或水补给，所以你必须尽可能多带些食物和水，并学会自给自足。

在把宇航员送上太空之前，我们需要尽可能多地了解他们可能面临的挑战。我们在地球上建立模拟火星环境的实验室，这些特殊的实验室或称"栖息地"，在外观和体验感受上都非常像建在火星上的房子，有厨房、浴室、种植食物的"绿色小屋"、配备显微镜和其他科学仪器的实验室，还有宇航员的小卧室。我26岁生日的那天早上，就是在那里醒来的。

通常，我在生日那天会收到朋友们的电话和家人们的拥抱，但是火星上没有电话，因为信号到达地球需要太长的时间！当我们想和家人通话时，我们可以通过互联网发送电子邮件，但仍然可能需要20多分钟才能将信息发送到他们那里。这也意味着我们不能看电视，但可以把最喜欢的电子版书籍、电影和电视节目存储在一台小电脑上，以便我们无聊时阅读或观看。

可是我们几乎不会感到无聊。每天都有很多事情要做，比如检查和清洁设备、种植土豆等作物、给大家做饭、为学生课堂录制视频，甚至冒险到外面采集土壤和岩石样本。火星上没有地球上那么多的氧气，所以需要宇航服来帮助呼吸。当你穿着沉重的宇航服走了很长一段路，回来的时候，浑身汗津津、黏乎乎的，但却不能洗澡！水是火星上宝贵的资源，我们必须尽量节约用水。我们不淋浴，而是用婴儿湿巾清洁身体！

我的6位同事肯定知道我在生日那天会格外想念家人，因为当我从房间里出来的时候，他们正拿着一张手工制作的生日卡片等着我。卡片上写的不是"26"，

婴儿湿巾

婴儿湿巾或者湿巾，是用水或酒精溶液等液体浸湿的布片。它们通常含有阻止真菌或细菌生长的化学物质，可以将它们保存在包装中，需用时取出即可。尽管许多公司仍在使用塑料制作湿巾，但可生物降解（环保！）湿巾越来越受欢迎。

而是"13.8"，这是我在火星上的年龄；火星年几乎是地球年时长的2倍！他们还为我做了一顿特别的早餐——爱心形煎饼。在火星上吃饭会变得很无聊，因为新鲜的食物会很快腐烂，所以几乎所有的食物都是粉末状的，你可以把它们和水混合在一起——甚至肉也是粉末状的！我最喜欢的火星餐是芝士通心粉。

我很感谢所有的同事给了我一个这么棒的生日惊喜，我意识到自己多么幸运，能在这里有这么好的朋友。与同事的相处是非常重要的，尤其是大家长时间共处一个狭小空间的时候！

在实验室居住舱生活、工作3周以后，我了解了第一批火星宇航员们的生活并不容易。我思念地球上的朋友和家人、喜欢的食物、温暖的淋浴，还有可以不用戴头盔就能呼吸到的新鲜空气。尽管如此，我依然选择前往，很幸运，我的家人们都鼓励我前往火星。我们可能还要好几年才会进行首次飞行，但我知道，在我们的有生之年一定会登陆火星。当然我希望留下脚印的人是我！

但即使不是我，我也会永远记得这个无比美妙的生日。也许有一天，你也会在居住舱度过你的生日——甚至是在遥远的红色星球上。

"老鹰已经着陆了！"

这是1969年7月20日美国宇航员尼尔·阿姆斯特朗通过无线电，从月球向美国得克萨斯州休斯顿地面指挥中心发回的信息。"鹰号"登月舱与"哥伦比亚号"宇宙飞船分离，在距离月球表面96.5千米的轨道上运行。宇航员迈克尔·柯林斯还在指令舱"哥伦比亚号"上绕月飞行，登月舱则在一个叫"宁静海"的地方着陆了——但是月球上没有水，所以着陆时并没有溅起水花！"鹰号"登月舱上的两名宇航员，尼尔·阿姆斯特朗和巴兹·奥尔德林，成为了最先踏足月球的人。

宇航员阿姆斯特朗是第一个（用左脚）走出太空舱登上月球的人。巴兹·奥尔德林紧随其后，他环顾四周——漆黑的天空、陨石坑、一层层的月尘——然后评论道："壮丽的荒凉。"他们按照指示迅速地把月球岩石和尘埃装进口袋，这样即使他们不得不匆忙离开，也搜集到一些月球样本。

事实上，他们在月球上呆了近一天，步行了近1千米。"阿波罗11号"此次史诗般的航行是人类有史以来最鼓舞人心的探索未知之旅之一，"宁静海"北部的三个陨石坑现在以执行任务的宇航员科林斯、阿姆斯特朗和奥尔德林的名字命名。

在月球上行走

包括"阿波罗11号"的宇航员在内，至今共有12名宇航员曾在月球上行走。但每一项任务依然危险，"阿波罗13号"就清晰地展示了当时的危险情形。1970年4月，"阿波罗13号"推进舱上发生爆炸，这意味着宇航员和地球人员也必须拼尽全力，才能使飞船安全返回地球。

宇航员们都是有航空、工程和科学背景、训练有素的专家。发射和完成航天任务需要各种各样的技能。阿波罗任务——像之前和之后的所有太空任务一样——是由成千上万的人合力建造、操作复杂的软硬件的成果。

阿波罗任务还带回了381千克（840磅）月球物质，如月球岩石，以便在地球上进行研究。这让科学家们对月球及其与地球的关系有了更深入的了解。

最近一次登月任务是"阿波罗17号"，它于1972年12月11日在陶鲁斯－利特罗高地登陆，并停留了3天。当"阿波罗17号"的宇航员们前往月球时在距离地球29 000千米远的地方，他们拍下了一张地球全貌的照片。这张照片被称为"蓝色弹珠"，这可能是迄今为止传播最广的照片。从那以后，再没有人距离地球那么远来拍摄这样的照片。

第一个进入太空的人

阿波罗任务并不是人类第一次进入太空。1961年4月12日，苏联宇航员尤里·加加林乘坐东方一号宇宙飞船环绕地球飞行，他是第一个进入太空的人。

在加加林完成这一历史性成就的6周后，美国总统约翰·菲茨杰拉德·肯尼迪宣布他要在10年内实现载人登月，新成立的NASA——美国国家航天局着手尝试匹敌苏联的太空项目，而当时NASA只有16分钟的太空飞行经验。争夺首先登月的太空竞赛已经开始！

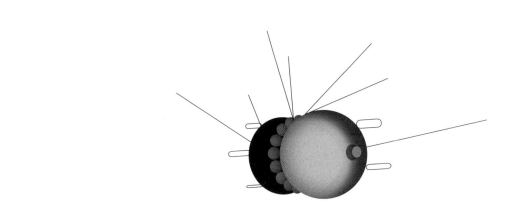

水星，"双子星座"计划 —— 在太空行走

　　美国一项名为"水星计划"的单人宇航员项目旨在考察人类能否在太空中生存。1961年，宇航员艾伦·谢泼德成为第一个进入太空的美国人，他绕轨道飞行不满1周，时长15分钟。第二年，约翰·格伦成为第一个绕地球飞行的NASA宇航员。

　　NASA的"双子星座"计划紧随其后。"双子星座"计划是一个非常重要的项目，因为它教会宇航员如何在太空对接飞行器，以及练习太空行走等，也被称为舱外活动（EVAs）。苏联宇航员阿列克谢·列昂诺夫于1965年完成了第一次太空行走，但是苏联人并不是第一个登上月球的，1969年美国首先成功登月。

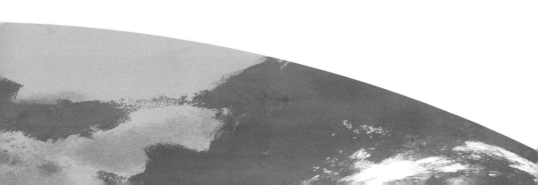

第一批空间站

登月竞赛结束后，许多人对太空计划就没那么感兴趣了。然而，苏联人和美国人都有着宏伟的计划。苏联人着手研究高度机密的"阿尔马兹（Almaz）"计划。他们想要建立一个绕地球运行的载人空间站。第一次尝试失败后，接下来的尝试——"礼炮3号"和"礼炮5号"有所进步，但是也都没有持续超过1年。

美国人开发了他们自己的轨道空间站——天空实验室（Skylab），它于1973年运行了8个月。天空实验室上有一个供宇航员观察太阳的望远镜。他们带回了太阳照片，其中包括太阳耀斑和太阳黑子的X射线图像。

太空握手

20世纪70年代中期，苏联和美国陷入了所谓的冷战期，双方实际上并没有交火，但却非常不喜欢和不信任对方。然而，两国却在太空开展合作。1975年，阿波罗－联盟号项目见证了两个对立的超级大国之间的首次"太空握手"。美国的"阿波罗号"与苏联的"联盟号"对接，在地球上很难见面的美国宇航员和苏联宇航员，在太空握手了。

航天飞机

航天飞机是一种新型航天器。与之前的飞船不同点在于，它能够重复使用，既可以像火箭一样飞向太空，也可以像飞机一样飞回地球并降落在跑道上。航天飞机也用来运送货物和宇航员进入太空。美国第一架航天飞机"哥伦比亚号"于1981年发射升空，最近的一次飞行是2011年7月的"亚特兰蒂斯号"。

第一架航天飞机是用于测试的"企业号"，它不能绕地球轨道飞行。

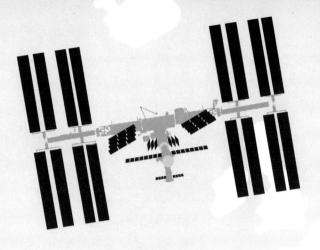

国际空间站

1986年，苏联发射了"和平号"（Mir）空间站，意为世界或和平。

"和平号"空间站是第一个环绕地球运行的大型空间站。它在太空中建造了10多年，被设计成一个"太空实验室"，让科学家们可以在几乎没有重力的环境中进行实验。"和平号"空间站体积大约为350立方米，一次能容纳3-6名宇航员。

国际空间站（ISS）是在太空中建造的，它的建造始于1998年。每90分钟环绕地球一周，这个研究设施是国际合作的一个标志，来自世界各国的科学家和宇航员参与了空间站的运行和维护，并在空间站内开展工作。美国的航天飞机、苏联的"联盟号"宇宙飞船和欧洲空间局的自动运载飞行器都服役于国际空间站。目前只有俄罗斯和欧洲的火箭飞到那里。这些机组人员有固定逃生工具，以供他们需要紧急逃生时之用！

概观效应

一位宇航员的太空之旅

理查德·盖瑞特·德·盖尤博士
国际空间站宇航员

　　我想几乎每个人都梦想着在人生中某一刻能够进入太空。然而可悲的是，大多数人认为成功的可能性很小的时候，就放弃了这个梦想。可是对我来说，我的父亲和我两家邻居的父亲都是宇航员。在我们社区，认为我们所有人总有一天都会进入太空是很平常的事。

当我知道我没有资格成为一名NASA宇航员时（因为我的视力不好），我决定建立一个私人太空机构，那样我才能飞行。我把制作电脑游戏赚来的钱投资到一些公司，最终这些公司使我和其他人能够完成私人太空之旅。2008年10月，我飞往国际空间站，成为第一个参与太空任务的美国宇航员二代，我和首个俄罗斯宇航员二代谢尔盖·沃尔科夫一起飞行！

着手准备和进行一次太空旅行是非常奇妙的体验！许多细节与我的预期大相径庭，也和在电视或电影中观看太空的感受大为不同。

在太空飞行之前，我们必须接受操作宇宙飞船的训练。训练过程中充满了乐趣，令我惊讶的是，大多数训练都与学生在学校或课外俱乐部所做的活动非常相似。例如，许多人喜欢水肺潜水，我也很喜欢。当你获得潜水执照时，你会学习到空气压力和氧气、二氧化碳等气体知识，扩展你在学校所学的化学和物理知识。这几乎和宇宙飞船上的生命维持系统完全一样。如果你能获得潜水执照，那么你就能在太空中操作生命维持系统了！同样地，如果你能在地球上获得业余无线电操作员执照，那么你就能在宇宙飞船上操作无线电。学习成为一名合格的宇航员比我想象的要有趣得多，难度也小得多……只要你在学校里是一个好学习的学生！

接下来是太空飞行。当你观看火箭发射升空时，你会听到它的声音非常大，并且感觉到巨大的震动。然而，当我坐火箭发射升空时，其内部的情况恰恰相反。当引擎启动时，我们几乎感觉不到任何震动也听不到任何声音。当火箭开始发射时，它是非常柔缓的。我常形容这感觉就像是一种自信的芭蕾舞动作，把我们轻快地送入空中。在仅仅8分多钟的时间里，你会感觉到3倍于地心引力的重力，随后引擎熄火……你失重地漂浮在地球上空的轨道上。

那里的景色很是壮观，但我们离地球如此之近，我立刻被深深震撼了。飞机可以在地球上空16千米飞行，而我们绕地飞行的轨道高度大约是它的25倍。然而，这距离仍然很近，能够看到许多从飞机上看到的同样的细节，但也足够远，可以俯瞰整个地球。

这真是一种奇怪的感觉，既出乎意料地接近地球，又完全与地面上的人隔绝开来。你心里很清楚，如果出现任何紧急情况，你和同组的船员们必须合力解决，因为地球成员提供不了什么帮助。学会自立和成为一个可靠的团队成员也是太空飞行和日常生活中必不可少的一项！

许多宇航员从太空看地球都深受感动。甚至有一个术语叫作"概观效应"，它是指人们从太空看地球经历的认知转变。我也有过这样的经历，我认为这值得分享。

当你在国际空间站上时，你将以27 690千米/时的速度绕地球飞行。以这样的速度，大约每90分钟就绕地球1周。这意味着你每隔45分钟就能看到一次日出或日落，你可以在10～20分钟内穿越整个大陆。然而，你又离地球这么近，可以清楚地看到比你想象中更多的细节，像旧金山金门大桥这样大小的东西（尽管许多人认为能看到中国的长城，可是并看不到）。看着窗外的地球，看着它平滑地转动以及诸多细节，仿佛有一条消防水带向你的大脑喷射关于地球的信息。

你从太空中看地球最先注意到的便是天气，这是因为地球的很大一部分总是被云层覆盖。在太空中，你会注意到诸如太平洋上宽广平滑或几何形状的天气形态是如何形成的，因为太平洋没有大的岛屿或地表温度的变化。而大西洋的天气模式则更为混乱多样。这是因为其地表温度变化巨大，附近大陆形状各异。

紧接着我注意到地球上的沙漠是多么地美丽，因为它们通常不会被云层覆盖。地球上的沙子和雪被吹成小堆，更大些的沙丘以及更大的山脊，从太空中你可以看到起伏的沙丘，它们形成了相似图案，一直延伸到太空中。这些"巨大的扇形"仅仅是由风吹过地球上的沙漠而形成的，真是令人惊奇不已。

从太空中，我们也清楚地看到，人类现在是如何完全占据了整个地球表面。我所见的每一个沙漠都有公路穿梭其间，很多农田使用从地下深处抽上来的水来灌溉作物。每一片森林，甚至在巴西的亚马孙盆地，都有道路和城市。每一条山脉都有公路，沿岸的河流也都筑有水坝。我看到地球上的"空地"非常之少。

最后，我看到了我非常熟悉的地方，美国得克萨斯州，我长大的地方。我看到了我的家乡，看到了我开车去过很多次的附近城镇，还有我过去常去的得克萨斯州长长的海岸线。在同一视角下，我可以看到整个地球，我已经绕着它转了很多圈了。我突然意识到……我现在通过直接观察了解了地球的真实大小。

我在这一刻产生了强烈的生理反应！这就像看电影时，向后移动镜头放大画面。当保持演员尺寸不变时，它创造出一种走廊似乎倒塌和缩短的效果。我看地球的时候也是这样，它依然保持着窗外的大小，但它周围的实际尺寸变了。突然，对我来说，曾经大得难以想象的地球变得有限了……实际上是变得很小了。

自从我从太空回来后，我了解到许多宇航员从这种"概观效应"中感受到类似的顿悟。包括我在内的许多宇航员，带着全新的认识回来——保护我们这个脆弱的地球何等重要。在我看来，如果更多人有机会从太空看地球的话，那么我们会更好地照顾我们这个宝贵的星球，人与人之间也会更加珍惜。

如果太空旅行也是你的梦想，那么我希望有一天你能实现它。这样的机会每年都在增加。然而，太空总是比邻近的城镇、国家或大陆更难到达。你仍然需要努力工作，才能在团队中赢得一席之地，这个团队正在不断扩大人类对地球以及太空更远处的了解。你可能会像许多早期宇航员那样被幸运地选中。努力吧，我相信每一位读到此文的人都能在太空中创造自己的机会！

德雷克公式

德雷克公式并不是一个真正的公式，它是一系列帮助我们计算"可能与我们接触的银河系内外星球高智文明的数量"之问题。它由搜寻地外文明（SETI）研究所的美国天文学家法兰克·德雷克博士在1961年提出的，至今仍为科学技术人员所使用。

以下就是德雷克公式：

$$N = N_g \times f_p \times n_e \times f_l \times f_i \times f_c \times f_L$$

N_g 代表银河系每年诞生的新恒星数量。

问：银河系中恒星的出生率是多少？

答：我们的星系大约有120亿年的历史，包含大约3 000亿颗恒星。所以，平均而言，恒星的诞生速度是3 000亿／120亿＝每年25颗恒星。

fp指恒星有行星的比例。

问：有行星系的恒星占比多少？

答：目前估计是20％到70％不等。

ne指每个行星系中类地行星数目。

问：对于每颗有行星系的恒星而言，有多少颗行星能够维持生命？

答：目前估计是0.5到5颗。

fl指**ne**中生命进化可居住行星比例。

问：在能够维持生命的行星中，存在生命的行星占比多少？

答：目前估计从100％（生命可以进化）到接近于0％。

fi指宜居行星中演化出高智生命的比例。

问：在有生命进化的行星上，高智生命进化的百分比是多少？

答：估计从100％（智力有生存优势，必然会进化）到接近0％。

fc指高智生命能够进行星际通信的比例。

问：有多少高智种族有沟通交流的方式和欲望？

答：10％到20％。

fL 指可交流文明持续交流的平均年数。

问: 相互交流的文明能持续多久？这是最难回答的问题。以地球为例，我们使用无线电波的时间不到100年。我们的文明还会用这种方式交流多久？我们会在数年间自我毁灭吗？我们能克服自身问题，生存1万年或更久吗？

当所有这些变量相乘，我们就能得到：

N 表代银河系中可能与我们通信的文明数量。

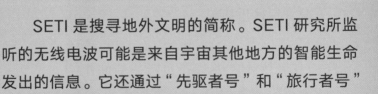

搜寻地外文明计划

　　SETI 是搜寻地外文明的简称。SETI 研究所监听的无线电波可能是来自宇宙其他地方的智能生命发出的信息。它还通过"先驱者号"和"旅行者号"太空探测器向太空发送了无线电信息。

零重力飞行

　　零重力飞行是一种体验微重力的方式，与国际空间站上的宇航员所处的引力条件相同！这意味着你可以用脚把天花板推开，或是向四周撒一些水滴后会看到它们漂浮在空中！

　　零重力飞行非常重要——NASA和其他航天机构使用零重力飞行训练宇航员，以便他们更好地为在空间站上的工作做准备。

　　但在1994年，一个叫彼得·戴曼迪斯的人决定也为普通乘客提供飞行之旅。他希望向所有人开放太空旅行，而并非仅针对专业宇航员。在他的零重力飞行中，搭载过许多名人，包括第二个登上月球的人——巴兹·奥尔德林，还有本书的作者之一史蒂芬·霍金。

　　当你体验零重力飞行时，你的飞机不会离开地球的大气层。你实际上并没有进入太空。

搭乘零重力航班时，大家会登上一架看起来很普通的飞机，就像你去度假时会搭乘的那种飞机一样，但是这架飞机不会像普通飞机那样飞行！它是按照一种称为"抛物线"的长曲线飞行。

飞行会发生以下情形：

- 由训练有素的专业飞行员驾驶飞机急剧攀升，但随后又俯冲回地面。

- 当飞机上升并"越过驼峰"时，你会处于"零重力"状态。在驼峰点上，你处于自由落体状态，就像你在国际空间站内一样。真是激动人心！

1.8倍重力

- 为了让你习惯失重的感觉，飞机飞过的前几段抛物线（或者说曲线）并不是很陡。你的体验会和在火星或月球上的失重体验差不多。火星引力是地球引力的40%，所以你可以在火星上弹跳。月球的引力比火

零重力

1.8倍重力

星还小，所以在"月球抛物线"上，你可以用一根手指做俯卧撑。

- 当飞机再次下降时，你会体验到"超重"，强大的引力把你钉在地板上。躺在地板上，你连一根手指都动不了！当飞机再次上升时，你又开始轻轻地飘离地面。

在零重力的抛物线飞行过程中，你会体验到完全的失重状态。你可以在空中翻筋斗，也可以在天花板上行走！这些零重力抛物线结束得太快了 —— 大家都说，"再来一次！再来一次！"但是上升的东西一定会下降，最终你搭乘的飞机一定会着陆，再次把你带回地球……

机器人太空旅行

金星7号

太空探测器是机器人宇宙飞船，科学家们将它发射到太阳系各处，以收集更多我们宇宙邻居的信息。机器人的太空任务是寻找一些具体的问题，比如："金星的表面是怎样的？"或"海王星上有风吗？"又或"木星是由什么构成的？"

虽然机器人太空任务远不如载人航天那么令人神往，但它们有几个大的优势：

- 机器人可以远距离旅行，它比任何一位宇航员走得更快、更远。与载人航天任务一样，它们也需要能源——大多数使用太阳能电池板将阳光转化为能量，但其他需要远离太阳长途飞行的任务则使用自带的发电机。然而，机器人航天器需要的动力远远低于载人航天器，因为它们不需要在旅途中保持舒适的生活环境。
- 机器人不需要食物或水供给，也不需要呼吸氧气，因而它们比载人飞船更小、更轻。
- 机器人不会在旅途中感到无聊、想家或生病。
- 如果机器人任务出了问题，可以避免有人在太空中丧生。
- 太空探测器的成本远低于载人航天飞行，而且机器人也不会在任务结束后想回家。

太空探测器向我们展示了太阳系的种种奇观，它们发回的数据让科学家们能够更好地了解太阳系是如何形成的以及其他行星上的情形。到目前为止，人类只能到月球旅行，旅程均值38.4万千米，而太空探测器已经涉足数十亿千米，并向我们展示了太阳系遥远地带惊人而详细的图像。

事实上，近30个太空探测器比人类更早到达月球！目前我们已将探测器发送到太阳系中的其他行星，它们捕捉到彗星尾巴上的灰尘，降落在火星和金星上，并飞掠冥王星。一些太空探测器甚至携带了关于我们地球及人类的信息。"先驱者10号"和"先驱者11号"探测器上刻有一男一女图像的铭牌，还附有一张地图，显示了探测器的来源。随着探测器向外太空的进发，它们也许有一天会遇见外星文明！

"旅行者号"探测器携带了许多地球上城市、风景和人们的照片，以及用多种语言写下的问候。这些探测器被另一种文明拾到是不太可能发生的事情，这些问候语向任何设法破译它们的外星人保证：我们是一个和平的星球，我们祝愿宇宙中的其他生命皆好。

太空探测器有不同的类型，其类型取决于任务目的。一些探测器飞近行星并为我们拍下照片，在它们

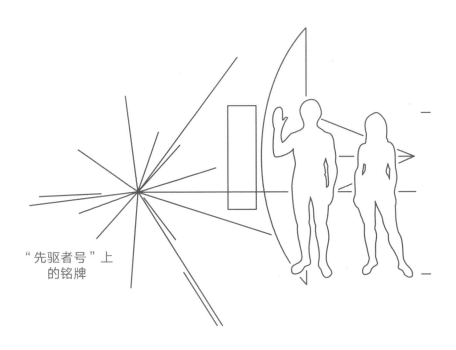

"先驱者号"上
的铭牌

[1]

[2]

[3]

机器人探测器
类型

的漫长旅行中会途经好几个行星[1]，还有一些探测器围绕某颗特定的行星运行，以获取更多关于该行星及其卫星的信息[3]。另一种探测器则用来从地球以外星球的表面登陆并发回数据[2]。其中一些探测器是漫游车，而其他的则是固定在其登陆点的。

第一辆月球车"月球车1号"（Lunokhod 1）于1970年登陆月球，它是苏联"月球17号"探测器的一部分。"月球车1号"是一种可以从地球上操纵的无人驾驶月球车，其方式与遥控汽车大致相同。

NASA的火星着陆器"海盗1号"（Viking 1）和"海盗2号"（Viking 2）于1976年降落在这颗红色星球上，让我们首次获得了从这颗星球表面拍摄到的照片，几千年来它一直吸引着地球上的人们争先恐后地不断探索。"海盗号"着陆器向我们展示了火星红褐色的平原，散布着岩石，粉红色的天空，甚至冬天地面上的霜冻。不幸的是，在火星上着陆非常困难，几个送往火星的探测器都在火星表面坠毁了。

之后的火星任务中，"勇气号"（Spirit）和"机遇号"（Opportunity）两个漫游车分别被送上了火星。目标是让它们在火星上行驶至少3个月，但实际持续的时间要长得多，而且，和其他被送往火星的飞行器一样，它们也发现了火星上有水存在的证据。2007年，NASA发射了"凤凰号"火星探测器。"凤凰号"不能在火星周围行驶，但它有一个机械臂，可以挖进土壤并收集样本。它有一个检测土壤并计算土壤所含成分的实验室。此外，火星周围还有几个任务轨道飞行器——NASA的"奥德赛号""火星快车号"和火星侦察卫星探测器，还有研究火星大气的马文号（MAVEN[1]），它们向我们展示了火星表面特征的细节。另外，还有印度的火星轨道探测器任务以及欧洲空间局与俄罗斯联邦航天局发射的微量气体轨道飞行器（ExoMars Trace

1　MAVEN是Mars Atmosphere and Volatile Evolution（火星大气与挥发物演化任务）的缩写，是美国国家航天局（NASA）火星侦察兵计划的一部分。——译注

火星探测车好奇号漫游者

Gas Orbiter）也在绕火星飞行。

　　机器人太空探测器也向我们展示了金星厚厚的大气层下地狱般的状况。人们曾经认为金星的云层下可能隐藏着茂密的热带森林，但太空探测器却发现那里温度高、有厚重的二氧化碳大气层和深褐色的硫酸云。1990年，NASA的"麦哲伦号"金星探测器进入绕金星飞行的轨道，雷达穿透大气层，绘制了金星表面的地图，并发现了167座超过110千米宽的火山！欧洲空间局的"金星快车号"自2006年以来一直在绕金星的轨道上运行。这项任务是研究金星的大气层，并试图找出地球和金星如何以不同的方式发展而来的。自2015年以来，日本"晓号"探测器也一直在研究金星的大气层。苏联时期发射的几个着陆器已经从金星表面发回了信息，在这个危险的行星上着陆要面临巨大的挑战，因此这是一项了不起的成就。

苏联于1970年发射的"金星7号"探测器是第一个从金星表面传送数据的人造物体。

　　机器人太空探测器勇敢地进入了水星的焦土世界，水星是一颗比金星离太阳更近的行星。"水手10号"分别在1974年和1975年两次飞越水星，它向我们展示了这颗光秃秃的小行星与我们的月球非常相似。水星是一个灰色的、死气沉沉的星球，大气非常稀薄。2008年，"信使号"太空探测器再次飞掠水星表面，并向地球发回了第一张水星照片，这也是30年来第一张距离太阳最近的照片。

飞近太阳对于机器人宇宙飞船来说也是非常巨大的挑战，但太阳探测器——"太阳神1号"、"太阳神2号"、SOHO卫星[1]、TRACE[2]太阳探测器、RHESSI[3]等发回信息，帮助科学家们更好地理解我们太阳系中心的这颗星。目前，深空气候观测站（DSCOVR）正在研究太阳风和日冕物质抛射，"帕克号"太阳探测器正在进行中，它将在2025年飞到离太阳最近的地方。

在遥远的太阳系，1973年"先驱者10号"探测器飞过木星时，人们才第一次看到了木星的细节。"先驱者10号"拍摄的照片也显示了大红斑——这是几个世纪以来，通过地球上的望远镜所看到的该行星的特征。在"先驱者号"之后，"旅行者号"探测器揭示了关于木星卫星的惊人消息。多亏了"旅行者号"探测器，地球上的科学家们才知道木星的卫星之间各不相同。1995年，"伽利略号"探测器抵达木星，花费了8年的时间来调研这颗气态巨行星及其卫星。"伽利略号"是第一个飞经小行星、第一个发现小行星有卫星的、第一个在很长一段时间内测量木星的探测器。这个超棒的太空探测器还探测到了木星的卫星木卫一的

1　SOHO卫星（Solar and Heliospheric Observatory）是欧洲空间局及美国国家航天局共同研制的无人太空船，于1995年发射升空。——译注
2　TRACE, Transition Region and Coronal Explorer（太阳过渡区与日冕探测器）。——译注
3　RHESSI, The Reuven Ramaty High Energy Solar Spectro-scopic Imager（拉马第高能太阳光谱成像器），是美国国家航天局发射的一颗太阳探测卫星，共携带5项主要望远镜组件。其主要任务是研究太阳耀斑中的粒子加速和能量释放过程。——译注

火山活动，并发现木卫二被厚厚的冰层所覆盖，木卫二下面可能有一个巨大的海洋，甚至可能存在某种形式的生命！

NASA的"卡西尼号"并不是第一个造访土星的探测器——"先驱者11号"和"旅行者号"探测器在漫长的旅程中途经土星，传回了土星环的详细图像以及有关土卫六厚厚的大气层的信息。"卡西尼号"历经7年，于2004年抵达土星时，它向我们传回了更多土星及其卫星特征的信息。此外还发射了一个探测器——欧洲空间局的"惠更斯号"，它穿过厚厚的大气层，降落在土卫六的表面。"惠更斯号"探测器发现土卫六表面覆盖着冰，浓密的云层中有大量的甲烷。

在离地球更远的地方，"旅行者2号"飞经天王星，并展示了这颗冰冻行星的自转轴是倾斜的！多亏了旅行者2号，我们对环绕天王星的薄环有了更多的了解，这些薄环与土星环大为不同，还了解了许多天王星卫星的其他细节。"旅行者2号"继续飞往海王星，发现该行星上风很大——海王星的风暴是太阳系中移动速度最快的。2019年秋，"旅行者2号"距离地球约177亿千米，"旅行者1号"距离地球约225.3亿千米。它们能够为我们传递信息。

2006年，"星尘号"探测器捕获了彗星尾巴上的粒子样本，并将其带回地球。其中一些样本已经在太空中存在46亿年，甚至更长，可能比太阳"年长"。这些样本有助于科学家们更多地了解太阳系的起源。

"深度撞击号"和"罗塞塔号"

　　"深度撞击号"是 NASA 在 2005 年发射的一个探测器，其中一部分任务是飞越坦普尔 1 号彗星，另一部分任务是在彗核上紧急着陆！于是产生了迄今为止拍得最好的彗核照片。小于 10 米的物体可以看得清清楚楚。然而，这次迫降造成了巨大的尘埃云，导致飞行中的宇宙飞船无法对陨石坑进行拍照。

　　2014 年，欧洲空间局的"罗塞塔号"探测器成功将"菲莱号"着陆器着陆在"楚留莫夫 - 格拉西门克"彗星（代号 67P）表面上，但不幸的是，"菲莱号"的电池两天内就耗尽了，而且由于它降落在阴影中，无法使用太阳能为电池充电。

彗星

彗星是绕着太阳运行的、又大又脏且不圆的雪球。它们是由太阳诞生很久之前就爆炸了的恒星所产生的元素组成的。估计大约有1万亿颗这样的彗星，它们离太阳很远，慢慢在靠近我们。但我们只有在它们离太阳足够近，留下闪亮的轨迹时才能看到它们。到目前为止，我们所知的彗星只有6 000多颗。

- 已知最大的彗星，其核心从一边到另一边超过32千米。
- 当彗星靠近太阳时，彗星上的冰会变成气体，并释放出困于其中的尘埃。这种尘埃可能是整个太阳系中最古老的尘埃。它包含了60多亿年前，所有行星创生之初时宇宙环境的线索。

大多数时候，彗星在很远（比地球远得多）的地方绕着太阳转。时不时就有一颗彗星开始向太阳移动。有以下两种可能性：

1）有些彗星会被太阳的引力所捕获，比如哈雷彗星。这些彗星将继续绕太阳运行，直到它们完全融化或撞到一颗行星。哈雷彗星的核心长约16千米。它返回到离太阳足够近的地方便会融化一点点，并留下一条轨迹，我们每隔76年就能观测到这条轨迹。它离我们最近的一次是在1986年，2061年会再次回归。一些被太阳引力捕获的彗星很少回到太阳附近。例如，百武彗星（Hyakutake Comet）将会旅行至少70 000年才会再次回归。

2）因为彗星的速度太快，或者因为它们飞得离太阳不够近，所以一些彗星，比如天鹅彗星就再也不会飞回来了。它们仅与我们擦肩而过一次，然后就踏上了飞往另一颗恒星的漫漫外太空之旅。这些彗星是宇宙流浪者。它们的星际之旅可能需要数十万年，耗时更短或更长。

光及其在
太空中
的传播

　　电磁场是宇宙中最重要的东西之一。它无处不在，不仅能使原子结合在一起，还能使电子把不同的原子结合在一起或产生电流。我们日常生活的世界是由电磁场聚合大量原子构成的，即使是生物，比如人类，也要依靠它来生存运作。

晃动某个电子会在电磁场中产生波动，正如你在浴缸泡澡时晃动手指会在水中激起涟漪一样。这些波被称为电磁波，由于电磁场无处不在，因此，这些波可以在宇宙中传播到很远的地方，直到遇上其他可以吸收它们能量的电子。电磁波有很多类型，有些会损害人眼，即各种颜色的可见光。其他类型的电磁波包括无线电波、微波、红外线、紫外线、X射线和γ射线。电子每时每刻都在振动——原子也在不停地振动——所以物体总是会产生电磁波。在室温下，它们主要是红外线，但在温度更高的物体中，这种振动更剧烈，并产生可见光。光以每秒300 000千米（186 000英里）的速度传播。这个速度非常快，但是来自太阳的光仍然需要8分30秒才能到达我们这里，而从次近的恒星发出的光到达地球则需要4年多的时间。

电磁波的波长不同。γ射线波长很短，无线电波波长很长。可见光波长适中，介于红外线和紫外线波长之间。

太空中巨热的物体如恒星，会产生可见光，这些可见光可能要经过很长一段时间才能照射到物体上。当你观察一颗恒星时，它发出的光可能已经在太空中悄然旅行了数百年。你能看见它，是因为光通过视网膜上的电子振动，转化成电流，电流通过视神经传到你的大脑，你的大脑说"我能看见一颗星星！"如果恒星距离非常遥远，那么你可能需要一台望远镜来收集足够多的光才能通过肉眼观察到它，或创建振动电子图像或用电脑收集其信号。

宇宙在不断膨胀，像气球一样膨胀。这意味着遥远的恒星和星系正在远离地球。当它们的光在太空中向我们传播时，光线就会被拉伸——传播得越远，拉伸越严重。拉伸使可见光看起来更红——这就是所谓的红移。如果最终移动和红移得足够远，光就看不见了，先是变成红外辐射，然后是微波辐射（如地球上使用的微波炉）。这正是大爆炸时产生的难以置信的强光所经历的过程——经过130亿年的旅行，它现在就像来自太空四面八方的微波一样可以被探测到。这此大爆炸的余晖被冠以"宇宙微波背景辐射"的伟大称号。

与外星人取得联系

赛思·肖士塔克

搜寻地外文明（SETI）研究所，美国

如果真的有外星人，我们能见到他们吗？

恒星之间的距离大得惊人，所以我们仍然无法确定是否有一天会面对面相遇。（假设外星人有脸！）但是，即使外星人从未造访过我们的星球，或者从未接受过我们的来访，我们仍然可以相互了解，或许还能交谈。

其中可能的方式是通过无线电。与声音不同，无线电波可以光速在恒星之间传播。

大约50年前，一些科学家计算出从一个星系向另一个星系发送信号所需的条件。他们惊讶地发现，星际对话并不像大家在科幻电影中看到的那样，需要超级先进的技术，而是利用我们现在就可以建造的无线电设备，就能够将无线电信号从一个太阳系发送到另一个星系。因此，科学家们退一步豁然开朗：如果这么容易，那么不管外星人在做什么，他们肯定会使用无线电进行远距离通信。科学家们意识到，将一些大型天线转向天空尝试接收外星信号，是一个完全合乎逻辑的想法。毕竟，若能找到外星广播将证明有外星生命存在，而不需要向遥远的星系发射火箭，以期发现一颗有人居住的行星。

　　遗憾的是，搜寻地外文明（SETI）的这个外星人窃听计划，到目前为止还没能从天空中找到任何蛛丝马迹。除了类星体（某些星系中搅动、高能量的中心）或脉冲星（快速旋转的中子星）等物体造成的自然静电外，我们所看到的无线电波段一直令人沮丧地毫无波澜。

　　这是否意味着能够建造无线电发射器的高智外

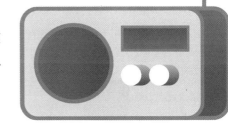

星人并不存在？这将是一个惊人的发现，因为在我们的银河系中至少有1 000亿颗行星，且至少还有2万亿个其他星系！如果没有外星人存在，那么人类是多么了不起的存在又是多么的孤独。

搜寻地外文明的研究人员会告诉你，现在下结论说我们在宇宙中没有同伴还为时过早。毕竟，如果你要收听外星人的广播，不仅要把天线指向正确的方向，还要调节信号至正确位置，有一个足够灵敏的接收器，还要在正确的时间收听。搜寻地外文明的实验就像在没有地图的情况下寻找宝藏。所以我们到目前为止毫无发现不足为奇。这就像在南太平洋岛屿的海滩上挖几个洞，结果除了湿沙子和螃蟹外什么也没挖到，但你不应该马上得出无宝可寻的结论。

幸运的是，新的射电望远镜加快了我们寻找信号的速度，未来几十年里，我们有可能听到来自另一个文明的微弱广播。

他们会对我们说什么？当然，我们只能猜测，但有一件事外星人肯定知道：他们最好给我们发一条长长的信息，因为快速对话是不可能的。例如，假设最邻近的外星人是在一颗距我们1 000光年的恒星周围的行星上。如果我们

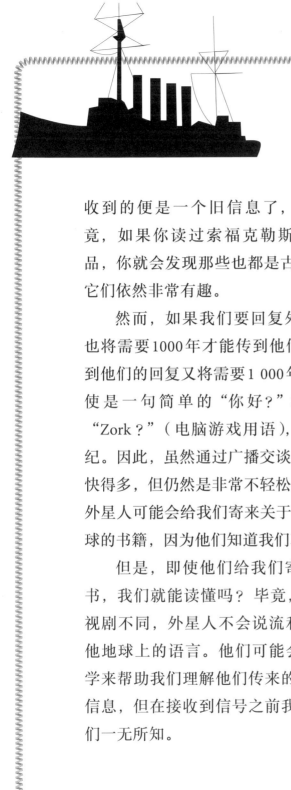

明天从他们那里接收信号，那么将花上 1 000 年的时间才能收到。

收到的便是一个旧信息了，不过没关系。毕竟，如果你读过索福克勒斯或莎士比亚的作品，你就会发现那些也都是古老的"信息"，但它们依然非常有趣。

然而，如果我们要回复外星人的话，那么也将需要1000年才能传到他们那里，而再次收到他们的回复又将需要 1 000 年！换句话说，即使是一句简单的"你好？"和外星人的回应"Zork？"（电脑游戏用语），就要花上20个世纪。因此，虽然通过广播交谈比乘坐火箭会面要快得多，但仍然是非常不轻松的交流。这意味着外星人可能会给我们寄来关于他们自己和他们星球的书籍，因为他们知道我们不能常常聊天。

但是，即使他们给我们寄来了外星百科全书，我们就能读懂吗？毕竟，现实与电影和电视剧不同，外星人不会说流利的英语或任何其他地球上的语言。他们可能会使用图片甚至数学来帮助我们理解他们传来的信息，但在接收到信号之前我们一无所知。

无论他们向我们发送什么，探测到来自遥远世界的无线电信号都会是大新闻。不久的将来，他们可能会告诉我们一些非常有趣的事情：也就是说，在浩瀚的太空中，并非只有人类在观察宇宙。

　　今天的年轻人可能将收到信息并做出回应。也许就是你呢！

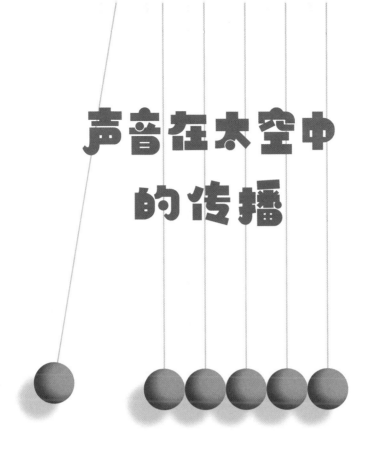

声音在太空中的传播

地球上有许多原子彼此靠近，相互碰撞。原子碰撞波及邻近的原子依次碰撞，以此类推，这种波动会在原子间传播开来。大量的小碰撞会在物质中产生一连串的振动。覆盖地球表面的空气由大量相互碰撞的气体原子和分子组成，它可以传递这样的振动；海洋、我们脚下的岩石，甚至日常用品也同样可以。恰好能刺激我们耳朵振动的，我们称之为声音。

- 声音在物质中传播需要时间，因为原子必须将每一次振动传递给它的邻居。时间的长短取决于原子之间相互影响的强烈程度，而这种强度又取决于物质的性质和温度等其他因素。在空气中，声音以每秒340米的速度传播。这个速度大约是光速的100万分之一，这就是发射航天飞机时，观众几乎立刻能看到其发出的光，而后才会听到噪音的原因。同样的道理，闪电先于雷声——突然而强烈的放电给空气分子造成冲击。在海洋中，声音的传播速度大约是在空气中传播速度的5倍。

- 在外太空，情况就大不相同了。恒星间原子稀少，所以没有介质。当然，如果你的飞船里有空气，那么飞船内的声音就会正常传播。一块小石头击中飞船的外部，会使飞船外壁震动，然后里面的空气也

会随之震动，所以你可能会听到声音。但是，在某个星球或在另一艘宇宙飞船里发出的声音，如果没有人把它们转换成无线电波（无线电波和光一样，不需要传播媒介），那就不会传到你的飞船里。

- 太空中还有由恒星和遥远星系产生的自然无线电波。射电天文学家研究这些天体的方法与其他天文学家研究来自太空的可见光的方法相同。由于无线电波是不可见的，而且我们习惯用无线电接收器把它们转换成声音，所以有时人们认为射电天文学是"听"而不是"看"。但是射电天文学家和可见光天文学家都在做同样的事情：研究来自太空的电磁波。而在太空中根本听不到任何声音。

外太空有人吗？

马丁·里斯勋爵

英国皇家学会前会长（2005 — 2010年）

剑桥大学三一学院

本书的读者中将来会有人漫步火星吗？但愿如此——真的，我认为很有可能会有这样的人。那将是一场惊心动魄的冒险之旅，也许是有史以来最激动人心的探险。纵观人类历史，先驱者们冒险来到新大陆，跨越深不可测的海洋，到达南北两极，登上最高峰。前往火星旅行的人也会带着同样的冒险精神。

如果能穿越火星上的山脉、峡谷和环形山，甚至乘坐热气球飞越这些地方，那将是非常美妙的事情。

但是没有人会为了追求舒适生活而前往火星，因为在那里生活比在珠穆朗玛峰或南极生活更为艰难。

但是这些先驱者们最大的希冀就是在火星上找到有生命的东西。

地球上有数百万种生物——细菌、霉菌、蘑菇、树木、青蛙、猴子（当然还有人类）。生命还幸存于地球最偏远的角落——在数千年不见阳光的黑暗洞穴里，在干旱的沙漠岩石上，在沸腾的温泉周围，在地下深处，在大气中。

地球上有各种各样的生命形式，但在大小和形状上都有局限。大型动物腿部丰满，但仍然不能像昆虫一样跳跃。最大的动物生活在水中。在其他星球上可能存在更多的物种。例如，如果重力较弱，动物体型可能会更大，像我们这样体型的生物可能会有和昆虫一样细的腿。

地球上任何能找到生命的地方，都能找到水。

火星上有水，那里可能出现过某种形式的生命。这颗红色行星比地球冷得多，大气也更加稀薄。对于像许多动画片中那样的绿眼睛火星人，我们不抱任何期待，因为如果火星上真的存在高智外星人，那我们应该已经发现他们的存在了，而且他们甚至可能已经拜访过我们了！

水星和金星比地球离太阳更近。两者都更热。地球是适居带星球——冷热适中。如果地球太热，即使是最顽强的生命也会枯萎。火星有点冷，但不是绝对的寒冷。越靠外的行星越冷。

请翻到第136页，了解更多关于太阳系的知识。

那太阳系中最大的行星——木星呢？这个星球的引力比地球大得多，如果生命在这个巨大的星球上进化而来，这可能会非常奇怪。例如，热气球大小的生物漂浮在稠密的大气中。

木星有四颗大卫星，那里或许可以孕育生命。其中一颗木卫二上覆盖着厚厚的冰层，在那下面是一片海洋。也许海洋里有生物游动？为了寻找木卫二上的生命，美国国家航天局正在考虑一项着陆任务，但如果木卫二果真如最近的研究表明那样被冰雪覆盖，那此项任务可能会执行！

但太阳系中最大的卫星是土卫六，它是土星众多卫星之一。科学家们已经在土卫六表面着陆了一个探测器，发现了河流、湖泊和岩石。但是温度大约是$-170℃$（$-274°F$），水呈冻结固态。在这些河流和湖泊中流动的不是水，而是液态甲烷，因而这里并不适合生命生存。

现在咱们拓展眼界，跳出太阳系看看其他恒星吧。在我们的星系中有数百亿个这样的太阳。即使是最近的一颗也非常遥远，以目前火箭的速度，需要数百万年才能抵达。同样地，如果围绕另一颗恒星运行的行星上存在高智外星人，那么对他们来说拜访我们也同样艰难。发射无线电波或激光信号比穿越遥远到令人难以置信的星际空间要容易得多。

　　如果有信号传回，那有可能来自与我们迥然不同的外星人。事实上，它更有可能是来自于机器，而机器的创造者或许早已被侵占或灭绝。当然，也可能存在外星人，他们"大脑"发达，但与我们截然不同，因而我们很难认出他们，也无法与他们进行交流。有些外星人可能不想暴露他们的踪迹（即使他们真的在监视我们！）。可能有一些超级聪明的海豚，在某些陌生的海洋深处快乐地沉思奥义并悄无声息地掩饰着自己。还有其他的"大脑"实际上可能是一群昆虫，聚在一起行动让人错认成某个单体高智生物。那里可能有更多尚待探索的未知。

缺乏证据不等于不存在。

　　我们的银河系有数千亿颗行星，而我们的银河系又只是数万亿星系之一。大多数人会猜想宇宙中遍布生命，但这只是猜测而已。我们仍然对生命的起源和演化知之甚少，因此无法判断简单生命

是否普遍存在。对于简单生命是否类似于地球生物的进化发展就更不了解了。我敢打赌，简单生命确实很普遍，但高智生命却很罕见。

事实上，外太空可能压根儿就不存在智能生命。地球复杂的生物圈可能是独一无二的。也许我们真的很孤独。如果是这样，那么对于那些正在寻找外星人信号，或者期待外星人造访的人来说，真是令人失望。但我们不必为搜索失败而沮丧。

相反，或许我们应该感到高兴。因为这样一来，我们便可以引以为傲地看待自己在这世间万物中的地位。地球可能是宇宙中最有趣的地方。

如果生命是地球独有的，那么它可以看作宇宙小插曲 —— 虽然大可不必如此。这是因为进化尚未结束（实际上，可能更接近起源而非尾声）。我们的太阳系才刚刚步入中年，要到60亿年后，太阳才会膨胀起来，吞没内行星，蒸发掉地球上现存的所有生命。遥远未来的生命和智慧可能与我们迥然不同，如同我们与虫子之间的差距之大。生命可能从地球扩散到整个银河系，演变之复杂远远超出我们的想象。如果是这样的话，我们的小行星 —— 这个漂浮在太空中的淡蓝色小点 —— 可能是整个宇宙中最重要的地方。

第六章

时间旅行

虫洞
和时间旅行

基普·索恩博士

2017年诺贝尔物理学奖得主

假设你是一只住在苹果表面的蚂蚁。苹果被一根细线吊在天花板上，细绳细得你爬不上去，所以苹果的表面就是你的整个宇宙。你无法去到别处。现在想象一下，一条虫子在苹果上咬穿了一个洞，你要从苹果的一边到另一边有两条路可走：绕着苹果的表面（你的宇宙），或者走捷径 —— 穿过虫洞。

我们的宇宙会和这个苹果一样吗？会不会有虫洞把我们宇宙中的某个地方和另一个地方连接起来呢？如果这样的话，这种的虫洞在我们看来会是什么样子呢？

虫洞有两个口，两端各一个。一个洞口可能在伦敦的白金汉宫，另一个洞口可能在加利福尼亚州的海滩上。洞口可能是球形的。从伦敦的洞口看进去（就像看水晶球），你可以看到加利福尼亚州的海滩，海浪轻拍、棕榈摇曳。从加利福尼亚州的洞口往里看，你的朋友可能会看到位于伦敦的你以及你身后的宫殿和警卫。和水晶球不同，虫洞的洞口并非固封的。你可以从伦敦的球形大洞口直接进去，在一个奇怪的隧道里漂浮一小会儿，然后你就会到达加利福尼亚州的海滩，你可以整天和朋友一起冲浪。有这样一个虫洞不是太爽了吗？

苹果的内部有三个维度（东西、南北和上下），而它的表面却只有两个维度。苹果的虫洞通过穿透内部的三维空间来连接二维表面上的点。同样地，你的虫洞通过一个不属于我们宇宙的四维（或多维）空间，在我们这个三维宇宙中连接了伦敦和加利福尼亚。

我们的宇宙遵循物理定律。这些定律规定了宇宙中什么可以发生，什么不能发生。这些定律允许虫洞的存在吗？令人惊奇的是，答案是肯定的！

不幸的是（根据这些定律），大多数虫洞会内爆——它们的隧道壁会猛烈地向内坍塌——速度之快以至于没有任何人或东西能够通过并存活下来。为了防止这种内爆，我们必须在虫洞中插入一种奇怪的物质：具有负能量的物质，它能产生一种反引力，使虫洞打开状态。

具有负能量的物质存在吗？同样令人惊奇的是，答案又是肯定的！物理实验室中每天都会产生这种物质，但数量很少或持续时间很短。它是通过从一个没有能量的空间区域借用能量而产生的，也就是说，通过从"真空"中借用能量而产生的。然而，当借出者处于真空状态时，所借物必须迅速归还，除非借出的数量极小。我们是如何得知的呢？这是通过仔细研究物理定律，运用数学计算得出的。

假如你是一名杰出的工程师，你想使虫洞开放。有没有这种可能：在一个虫洞里聚集足够多的负能量，并维持足够长的时间让你的朋友通过虫洞？我的最佳猜测是"没有"，但是，到目前为止，地球上还没有人能给出确切的答案。我们还不够聪明，还没有弄明白。

如果物理定律允许虫洞开放，这样的虫洞会在我

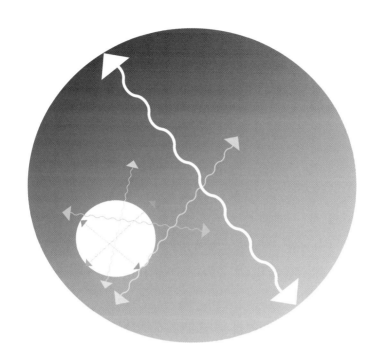

们的宇宙中自然形成吗？很可能不会。几乎可以肯定的是，它们必须由工程师人工制造并保持开放。

今天的人类工程师距离能够制造虫洞并将其打开还差多远？非常非常远。虫洞技术（如果有可能实现的话），对我们来说可能就像太空飞行对于穴居野人来说一样困难。但是对于一个已经掌握了虫洞技术的非常先进的文明来说，虫洞将是非常奇妙的：它将是星际旅行的理想方式！

想象一下，假如你是一位身处这种先进文明中的工程师。把一个虫洞口（一个像水晶球一样的球体）放进一艘宇宙飞船，并高速将其带到宇宙中，然后再返回你的星球。物理定律告诉我们，这趟旅程如果是在宇宙飞船中观察、感受和测量，可能只需要几天的时间，但若在你的星球上观察、感受和测量，却需要花费几年的时间。结果就相当奇怪：如果你现在进入太空旅行的洞口，通过隧道状的虫洞，然后从家里的洞口出来，你将回到几年前。虫洞变成了时光倒流的机器！

有了这样一台机器，你可以尝试改变历史。你可以回到过去，回到某一天，告诉年轻时的自己待在家里，因为当你离开家去上班的时候，被一辆卡车撞了。

史蒂芬·霍金推测，物理定律阻止任何人制造时间机器，从而阻止历史的改变。因为"年表"（chronology）这个词的意思是"事件或日期按发生顺序排列"，这被称为"时序保护猜想"。我们不确定霍金是否正确，但我们的确知道，物理定律可能以两种方式阻止时间机器的产生，从而保护时序。

第一种方式是，这些定律可能总是阻止工程师收集足够的负能量来保持虫洞开放并使我们通过，即使最先进文明中的工程师也做不到。值得注意的是，霍金已经（利用物理定律）证明，每个时间机器都需要负能量，所以这将阻止所有时间机器的制造，而不仅仅是使用虫洞的时间机器。

阻止时间机器的第二种式法是，我的物理学家同事和我已经证明，当任何人试图打开时间机器的时候，它可能总是会自毁（也许自爆）。物理定律给出了发生这种情况的强烈暗示；但是我们还没有完全确切地理解这些规律和它们的预示。

因此，最终尚无定论。我们不确定物理定律是否允许高级文明建造星际旅行虫洞，或建造时光倒流机器。要找到确切的答案，就需要对这些规律有更深入的理解，比霍金、我或其他科学家现有的理解更加深入。

这对你们——下一代科学家来说，是一个挑战。

空间、时间和相对论

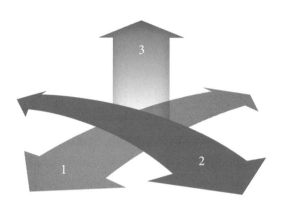

四维时空

当我们想去地球上的某个地方时，通常我们只考虑二维空间——南北方向上多远，东西方向上多远，这就是地图的工作原理。我们一直使用二维方向，例如，开车前往某地，你只需要向前（或向后），左转（或右转）。这是因为地球表面是一个二维空间，你只需要知道经度和纬度。

另一方面，飞机驾驶员并不会被困在地球表面！飞机还可以上升和下降，所以，除了在地球表面的位

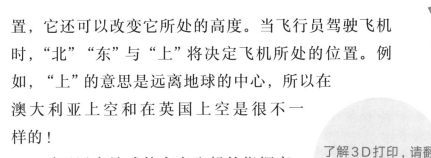

置，它还可以改变它所处的高度。当飞行员驾驶飞机时，"北""东"与"上"将决定飞机所处的位置。例如，"上"的意思是远离地球的中心，所以在澳大利亚上空和在英国上空是很不一样的！

了解3D打印，请翻到第362页。

对于远离地球的宇宙飞船的指挥官来说也是如此。指挥官可以按照自己的意愿选择三个参考方向——但必须始终是三个，因为我们、地球、太阳、星星和所有星系都处于三维空间（经度、纬度和高度）。

当然，如果我们需要出席某个场合，比如派对或体育比赛，仅仅知道将在哪里举行是不够的！我们还需要知道具体时间。因此，宇宙历史上的任何事件都需要四个距离或坐标：三维空间和时间。因此，要完整地描述宇宙及其内部发生的事情，我们需要面对一个四维时空（经度、纬度、高度和时间）。

相对论

爱因斯坦的狭义相对论说，不管一个人移动速度有多快，自然定律尤其是光速，恒定不变。很容易得出，相对运动的两个人对两个事件的发生位置看法不一。例如，在喷气飞机里同一地点发生两件事，地面上的观察者会认为这两个事件之间的距离是喷气飞机在此期间飞过的距离。因此，如果这两个人试图测量从机尾到机头的光脉冲速度，他们对于光从发射到接收所经过的距离看法不一。但是因为速度等于旅行距离除以旅行时间，所以他们对于光从发射到接收之间的时间间隔也看法不一——前提是他们像爱因斯坦理论说的那样，认为光速恒定不变！

还记得爱因斯坦相对论吗?如果忘记了请翻到第7—12页回顾一下。

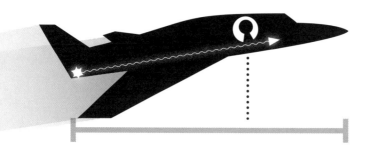

这表明时间不可能是绝对的，正如牛顿所言：也就是说，我们不能给每个事件确定一个大家一致认可的时间。相反，每个人都有自己的时间尺度，而相对运动的两个人测量的时间是不一致的。

　　这一点已经通过一个非常精确的原子钟绕地球飞行进行了测试。当它返回地面时，它所计量的时间比留在地面相同位置的一个类似时钟所计量的时间略短。这意味着你可以通过不断地环球飞行来延长你的生命！不过，这种影响非常小（每圈大约0.000002秒），而且当你吃完所有飞机餐，就会抵消掉这种影响。

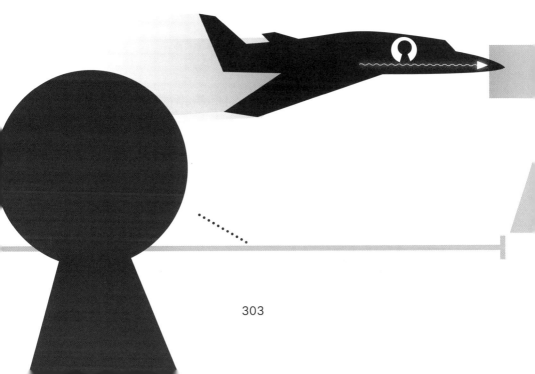

时间旅行 和 动钟之谜

彼得·麦克欧文教授

伦敦玛丽女王大学

电子工程与计算机科学学院

"嘀嗒"声是时钟走动、时间流逝的声音。我们都知道时间——或者至少我们认为我们知道！当我们身处同一个房间时，我的时钟显示的时间和你的一样，我的"嘀嗒"声和你的节奏一致，时间以稳定的节拍流逝。如果你去到一个遥远的国家度假，即使我们的时钟显示的是一天中的不同时刻，你时钟的节奏依然与我的一致。但时间非常有趣，因为如果你开始快速运动，那么时间的流逝速度也会改变。当你在一艘高速飞行的宇宙飞船上测量嘀嗒声时，它比地球上时钟的嘀嗒声慢。科学家称这种奇怪的效应为"时间膨胀"，它产生的原因是光速极限。

要了解时间膨胀，我们首先需要了解光。

光在真空中的传播速度是恒定的。科学家们称这个速度为c，大约为每秒30万千米。虽然光在穿过像玻璃等厚物质时可能会减速，但它在自由空间中的传播速度是c，无论光线从哪个方向射入，速度都是c。

正是这种恒定的速度使我们的时间膨胀：在极速运动的宇宙飞船上的时间比地球上的时间要慢。从理论上讲，一个人能够实现以某种方式进入未来——以极速旅行几天，而地球上却过去了几年。

这看起来很疯狂，因为你永远不可能在现实中达到足以观测到时间变化的速度。不过，如果你能以接近光速的速度运动，那么从地球上看你的"嘀嗒"声就会变得更像"滴滴嘀嗒嗒嗒"声。为了探究其因，我们需要一个放在透明的宇宙飞船里的光钟[1]。

放在宇宙飞船的光钟很简单——在宇宙飞船的一边有一个灯泡，另一边有一面镜子，尾部有超级动力引擎。当飞船静止不动时，灯泡就会亮起来，它发出

---

1 光钟将比目前最好的时钟精度提高100倍，能提供"对物理世界更细致的观察"，并将有助于建立对自然界基本定律的更深入的认识。——译注

的光就会穿过飞船内部射到镜子上，然后被反射回来。"滴"是到达镜子所用的时间，"嗒"是从镜子返回所用的时间。

如果我们在300 000千米远处放一面镜子，然后光从一个（非常明亮的）灯泡射出到达镜子需要1秒，返回又需要1秒，因为光速c恒定不变，所以第一道光在1秒内传播300 000千米，再耗时1秒返回。

回到静止的宇宙飞船上，无论我们什么时候看它，我们的光钟都会以同样的速度愉悦地"嘀嗒"闪烁，我们可以用相同的"嘀嗒"节奏来设置地球上所有的时钟。

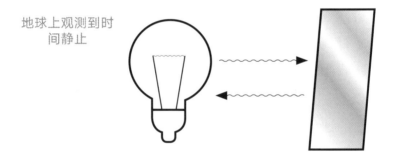

地球上观测到时间静止

现在我们发射透明的宇宙飞船，让它保持超高速运动，并在地球上观察它。灯泡发出的第一道光射向镜子，但是当我们在地球上静止观察它时，在光到达镜子正常位置所需要的时间里，镜子已经发生了位移。镜子移动的距离取决于宇宙飞船的速度，如果它的速度非常快，那么光线需要通过更远的倾斜路径

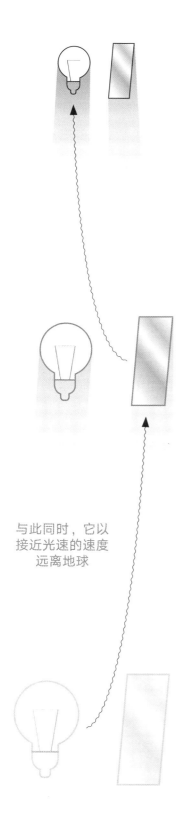

与此同时，它以
接近光速的速度
远离地球

才能到达镜子。因为光走过的路径更长，而光速 c 不变，在我们看来，这意味着到达发生位移的镜子所花的时间更长。我们静止光钟上的"滴"现在变成了"滴滴滴"。

反射光也会发生同样的事情：从镜子反射回来的光必须经过更远的距离才能回到起点，所以我们的"嗒"现在是"嗒嗒嗒"。这意味着，当我们从地球上观察时，运动的时钟比静止的时钟走得慢，运动的宇宙飞船上流逝的时间似乎更少。例如，当宇宙飞船运行缓慢的时钟才走到1点钟，而此时地球上的时间是5点钟，这就意味着宇宙飞船进入地球未来的4个小时了。

你也可以用一些简单的字母形状来思考时间膨胀。当时钟静止不动时，因为镜子和灯泡正对着彼此，所以光呈"I"字形往返运动。第一个"I"是前往镜子的路径，第二个"I"是从镜子返回的路径。但当飞船运动时，从地球上看到的光的运动路径更像是字母"V"。光必须以某个角度通过一段较长的路径，才能到达"V"底部产生移位的镜子，同样通过较长的反射路径，然后再通过一段较长的路径，才能回到起点。"II"和"V"之间的距离差异意味着，当时钟运动时，从地球上看，光束反射回来需要更长的时间，所以运动的时钟更慢。

这就是时间膨胀背后的基本概念，也是相对论的预测，相对论是科学家阿尔伯特·爱因斯坦的重大突破之一（当然，他的理论细节更复杂一些）。虽然从地球上看我的时钟走得更慢，但如果我置身于宇宙飞船上，那么站在我的角度来看，我是静止的，而地球正在远离我，所以我认为地球的时钟走得更慢，而不是

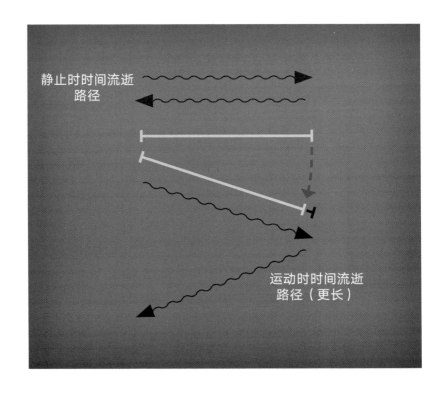

静止时时间流逝
路径

运动时时间流逝
路径（更长）

我的。从地球和宇宙飞船角度出发的观点都是对的，那么为什么只有在宇宙飞船上时间才能穿越到未来？

如果你仔细研究数学运算，就会发现改变速度也会引起时间膨胀。因为只有飞船改变速度和方向掉头才能返回地球，飞船的飞行条件与地球不同。正是飞船超快的速度和中途的大转弯造成的时间膨胀导致了时差，从而将返回的飞船推向地球的未来。

我们还不能使宇宙飞船的速度接近光速，但我们有一些有趣的实验证明爱因斯坦的时间膨胀理论是正确的。在加速器里（比如在瑞士的欧洲核子研究中心），推动粒子以接近光速的速度运动，而且许多粒子都有自己的时钟，这一点相当有用。一个粒子的半衰期与它衰变成其他更小的亚粒子所需的时间有关。我们可以在实验室里测量粒子静止时的半衰期，我们也可以测量粒子运动时的半衰期。结果表明，当粒子运动时，"半衰期"时钟的运行速度确实比静止时要慢，而且和爱因斯坦预测的差值一样。

第七章

……到未来去！

从粒子到适居带再到时间旅行……这一切对我们星球的未来意味着什么？

接下来进入未知世界，来自全球各地的专家们将以独特的视角，探讨科学的应用前景及其对当代科学家的影响。

我们美丽、复杂、令人惊叹的宇宙已经有140亿年的历史了。

那么接下来会怎么样呢？

我的机器人，
你们的机器人

彼得·麦克欧文教授

伦敦玛丽女王大学

电子工程与计算机科学学院

撰写关于机器人的文章和制造机器人都非常有趣。我小时候曾经画过机器人，写过关于机器人的文章，甚至用硬纸箱和绳子做过机器人。现在我真的建造了机器人，而我也始终觉得这是一件非常有趣的事情。作家、科学家和工程师们一直在运用他们的想象力不断创新，而对于机器人来说则有无限的可能性。事实上，当你建造一个真正的机器人时，你会遇到各种各样的问题，但这些问题都很有趣，值得花时间解决。在这一章中，我将讲述一些机器人的历史，它们的现状及前景。

建造仿真机器的梦想有很长的历史可追溯。最早是公元前250年左右，在古希腊创造的一个机械仆人，这个聪明的仆人可以自动从酒壶里倒酒，并根据需要将之与水混合！它的发明者是拜占廷人斐罗（Philo of Byzantium），他提出了许多令人惊叹的机械创意，其中包括一种水能鸣禽，但他的仆人机器人是他最受欢迎的发明之一。自动机（automaton）是一种看起来逼真的机械装置的名字。

18世纪，自动机风靡一时。发明家们利用时新的发条装置技术来驱动漂亮逼真的洋娃娃——可以演奏乐器、表演魔术，甚至画画和写字。他们在欧洲宫廷巡回展览，并从中获利，至此发条机器人的时代到来了。当时的人们对此惊叹不已，但在今天看来却有点儿诡异，像真的但又不是真的，有着洋娃娃的脸，一个给它们上紧发条的开关，能跳跃、抖动和吱吱作响的微型机械零件。

而他们为未来埋下了伏笔，例如，19世纪初由瑞士钟表制造商亨利·梅拉德特(Henri Maillardet)设计的"制图师与作家"（Draughtsman-Writer）机器人，它会画画、写诗。

一些早期的自动机在今天的机器人工程师看来是可编程的，因为自动机插槽里的卡片可以控制机器完成各种任务（在"制图师与作家"的例子中卡片是黄铜圆盘）。今天的大多数机器人在本质上都是类似的：它们有躯干；有位移决策方式；有任务清单；还有动力供给。

然而，如今的机器人并非所有都具有人形外观，因为机器人可以根据它们的工作任务呈现出各种各样的形态。在现代汽车工厂里，机器人捡起零部件并把它们焊接在一起，现在计算机也常常是由工业机器人制造的，它们能将不同的零部件精准地安装到位。工业机器人做这样的工作并不会感到劳累或无聊，它们是靠电力而非发条驱动，它们要完成简单重复的任

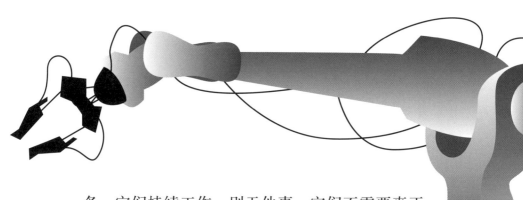

务，它们持续工作，别无他事。它们不需要真正了解它们的世界。

然而，在农场里可能会有给奶牛挤奶的机器人，但是这些机器人需要更聪明，因为奶牛并不总是正好在恰当的时间出现在恰当的地方。这些农场机器人必须能够看到并做出决策。当一头奶牛踱步进来时，机器人必须识别出奶牛乳房的位

置，并小心谨慎地将吸盘固定在奶牛乳房上挤牛奶。因此，它们需要具备理解镜头所拍画面的能力，并计算出手臂如何移动吸盘是最安全、轻柔的方式。如果弄错了，可就麻烦了！

　　这些看似简单的观察和移动任务实际上对于机器来说是相当困难的。你的大约一半大脑（包括位于后脑勺被称为视觉皮层的部分）正致力于理解你所看到的周围世界，而你大脑中间的一大块叫作运动皮层，它正在研究如何控制肌肉来操纵你的身体做你想做的事情。人类的大脑实际上一直在进行着数以亿计的计算，对我们来说很简单的东西需要变成对机器人来说清晰的指令 —— 那就是成千上万行的计算机代码，由于我们还不明白人脑究竟是如何进行这些奇妙的计算的，所以很难让机器模仿人脑进行运算。不过幸运的是，我们有限的理解足以让我们制造出应付此项工作并电抚奶牛的智能农场机器人。

关于机器人的创意来源甚广。例如，有些科学家研究昆虫的智力，因为昆虫的大脑比人类的大脑简单得多，相互连接的神经细胞（神经元）更少，但昆虫依然很聪明。它们在世界上艰难求生 —— 试试拍打一只苍蝇！以此为例，人类制造出了使汽车能够自动转弯以避免碰撞的车载设备，这些设备的创意就是来自对苍蝇大脑的研究。

但是万一发生了事故呢？那么，应该由谁来负责？是汽车司机、汽车制造商，还是苍蝇？你认为呢？随着智能机器人入驻我们的世界，可能会产生很多类似这样的问题。

接受机器人进入我们的世界不能一概而论，你对它们的认知也可能取决于你所处的环境。在西方，人们倾向于认为机器人是邪恶的，想要统治世界。这是因为通常在电影和电视中，机器人被描绘成为这样的形象。然而在亚洲，机器人在故事中经常以英雄形象示人。

有一种被科学家们称为"恐怖谷"的理论。如果你观察机器人的被接受程度，会发现看起来更像机器的机器人通常比仿生（像人类）的机器人更容易被接受。这是自动化时代一个诡异而逼真问题的再现：总有哪儿不对劲，让我们感到不自在。

如今的电子和计算机技术能够模拟我们大脑中神经元的工作模式，以及我们四肢的运动方式，使我们能够制造出更加逼真的机器人，但它们并非完美。这些机器人——仿生机器人，现在会随着电动机发出嗡嗡声，而非发条齿轮吱吱作响，它们拥有复杂的计算机程序，试图创建人脑神经元的工作模式，但这些机器人还不能轻巧地爬楼梯、接球或准确地分辨出丝绸和砂纸。他们不能可靠地识别面孔或表情，也不能像我们一样在嘈杂的房间里识别出某个特定的声音。它们还不能像人类那样，自然而然地表达、反应或理解我们以及我们的世界。他们总有哪儿"不太对"，所以我们很难接受他们。

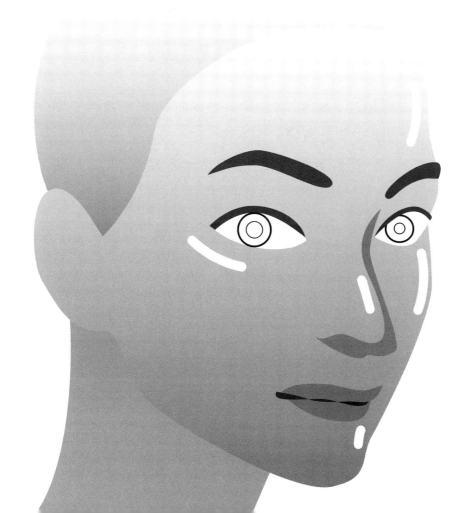

但今天的机器人并非那么的一无是处，我们可以利用小花招骗过大脑。在20世纪40年代海德和西梅尔的一个经典实验中，研究人员向受试者展示了在屏幕上随机移动的图形，问及发生了什么时，许多人讲述了构思精巧的故事：正方形爱上了圆形，或大三角形追逐小三角形的故事。我们的大脑是巨大的智能学习机器，我们主要的学习方式之一就是编故事，从而使我们更好地理解和记忆这个世界。当我们看到机器人时，大脑会自动填补如今科技还无法完善的空白，所

海德和西梅尔

弗里茨·海德（1896—1988），奥地利心理学家，1930年赴美国工作生活。他在学习心理学之前，想成为一名建筑师，之后想成为一名画家，再之后他学习法律。可是这些科目都不适合他！！

玛丽安·西梅尔（1923—2010），来自一个德国犹太家庭。他们为了逃离纳粹，于1940年抵达美国。17岁时，她一边做管家一边上大学学习心理学知识。

以我们会自然而然地认为机器人有个性且高估它们的智能，而机器人制造者常常暗示我们，使编造的这些故事看起来更加真实，以便我们更好地接受和使用机器人。

例如，机器人的一个大难题是它们的动力问题。电池没电时，它们就会停止工作，机器人总不能一直插着电源线。为了解决这个问题，可以让充电成为部分故事情节。科学家们创造的小海豹机器人就是一个很好的例子，小海豹机器人为养老院的居民提供舒适的生活环境，并加入了"喂食"海豹的内容。他们插入了一个假奶嘴，实际上是为机器人的电池充电，这样一来，充电就成了机器人故事的一部分。

在我的一个项目中，当恐龙机器人的电池用完了，它就会 "去睡觉"，并把自己的虚拟形象转移到你的手机上继续陪你玩（此时需有人给实际的机器人充电），再之后它会在手机里睡觉，在机器人的身体里醒来，它会记得你在手机端的操作。那么，你能想到一个机器人的故事吗？

还有多久我们就会有机器人政治家了？毕竟，机器人可以根据事实做出决策，而且它们不会贪污腐败，不是吗？什么时候我们应该让机器人驾驶飞机、火车和汽车；在教室里教学；在家庭和办公室里协同工作，为我们做手术或上战场打仗并自主决定是否开枪？嗯，我们已经有了这些机器人雏形，但目前还是由人来控制。会一直这样吗？毕竟，人们也总是会犯错。机器人能做得更好吗？

纳米技术取得的新进展有助于我们创造出能够注射进人体进行修复或更新的微型机器人，能将我们的身体、大脑与外部技术连接起来，构建一个新的人类物种——超人类：机器人与人类的混合体。这究竟是噩梦的开始，还是改善残疾人生活、赋予人类令人激动的新能力的一种方式？谁知道呢？也许未来你会制造出这些机器人。

我也是通过看书才有了关于机器人的概念和造机器人的梦想。在我大约7岁那年，我用盒子和细绳做了一个"机器人比利"（我至今仍留着它），此后我有了更多的梦想。现在我已经快50岁了，我很幸运地参与到了机器人的开发工作中，这些机器人可以跳舞，可以帮助孩子们学下棋，可以帮助家里的老人，也可以在办公室里和人们协同工作。我的机器人没有统治世界的想法！

我曾与许多杰出的、富有创造力的科学家和工程师们一起将我儿时的机器人梦变成现实。纸板和细绳已经由数学、电子器件和电脑所取代，但它们都是"比利"骄傲的后代。

　　它们是我的机器人，我依然乐在其中。

　　你的机器人会是什么样子呢？

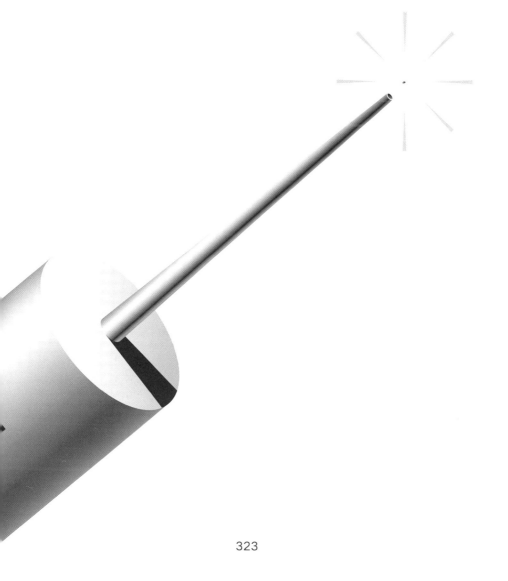

机器人伦理

凯特·达琳博士

麻省理工学院研究员

可以对机器人刻薄吗？

我们都知道机器人只是按照编程做事的机器。你伤害不到它们的感情，它们也不会像人类和动物那样经历痛苦。但是……如果你仍然觉得不应对机器人有言语或身体暴力，这个想法并不疯狂！

人类心理学中有一个有趣的现象叫作拟人化，大意是我们将人类的品质和情感套用到非人类身上。如

果你曾经认为某个毛绒玩具因为被扔到床底下而看起来很悲伤，或是某只狗正开心地对你笑，那么你所经历的就是拟人化。狗自然是有情感，但它们比大多数人想的要难以读懂！我们有时会从动物和物体上获得线索，想象它们和人类的感觉是一样的。尽管我们的想象可能是错误的，但这是自然而然的事情——从进化的角度来说，这是我们尝试理解和联系其他生物和事物的方式。

事实证明，我们常常把机器人拟人化。机器人结合了进化赋予我们的两个要素：身体和运动。我们是高度进化的生物，我们的大脑通过观察运动方式来识别生物。所以如果我们看到一个机器人自主移动，那么我们的部分大脑就会判定这个机器人是有意在做某些事情。从而很容易使我们认为这个机器人是有目标和情感的。这就是为什么我们很多人在机器人被卡在某个地方的时候，会觉得它很可怜，尽管机器人真的一点也不在乎被卡住了！

有些机器人是专门针对人类这种本能设计的。你看过《星球大战》吗？我们能够制造出《星球大战》中R2-D那样的机器人，这些机器人可以利用声音、动作和其他线索，让我们自动联想到有生命的物体。很多孩子和大人都喜欢和这些机器人玩，因为我们很容易把它们想象成有生命的物体，而这种想象力或在人类的健康和教育方面派上大用场。

你的机器人是间谍吗?

也许在不久的将来,你家里就会有一个机器人助手了。但在向你的机器人倾吐所有秘密之前,要谨记以下事项:

了解一些机器人的工作原理、服务意图以及它会收集你的哪些数据,是很重要的。例如,机器人会录下你说过的话吗?如果你说了一些私事,其他人会得到这些信息吗?大多数售卖机器人的公司可能只是想让你拥有一个很酷的机器人,但其中的一些可能想要收集你的数据卖给其他大公司,又或许他们可能有利用机器人多赚钱的想法。毕竟,机器人是人类制造的机器,所以它们只会执行其制造者的命令。这也不总是一件坏事。花点时间问问自己:这个机器人是谁发明的,为什么要发明它?

例如，那些孤独的人或对动物过敏的人可以养机器人动物当宠物。教师可以利用机器人帮手使教学趣味盎然。有些机器人已经在提醒人们吃药、抚慰情绪或激励人们学习新语言等方面做得相当好了。这些机器人起作用是因为人们把它们当作生物而非机器来看待。与机器人交谈可比与烤面包机或电脑交谈有趣多了！

未来，机器人将会应用于更多场景。有些机器人的程序设定让它们仿佛具有情感。这又使我们回到了最初的问题：可以对机器人刻薄吗？如果机器人没有真实感情，那么刻薄对它们倒无大碍，但如果你对机器人友好，也不意味着你傻。事实上，这可能意味着你非常具有同理心。像我这样的科学家一直在研究我们对待仿生机器人的方式，其中一个问题是，我们能否通过一个人对待机器人的方式来了解这个人。到目前为止，我们认为对机器人有同理心的人对他人也具有同理心。所以，在对机器人刻薄之前，先想想自己是否是一个善良的、有爱心的人，这对机器人来说可能并不重要，但对于你和其他人来说相当重要！

人工智能

杰米斯·哈萨比斯博士
英国DeepMind联合创始人兼CEO

聪明是什么意思？在日常生活中，这个词通常用来描述一个人在数学、写作或其他学科上的表现出色，但它还有一个更基础的定义。聪明的核心意义是在多样化环境中实现目标的能力。有时你的目标可能是解决一道数学题，但有时可能是一些我们通常认为理所当然的更简单的事情：描述天气，玩电脑游戏或使用刀叉吃饭。虽然我们通常认为这些任务再简单不过，但它们实际上涉及大量的计算，我们的大脑能够如此出色地完成这么多不同的活动，是非常了不起的。

正是智慧使人类在众多动物中脱颖而出。通过观察我们周围的世界和思考其运作方式，我们创建了工具、社会和文明来帮助我们实现目标。在数万年的时间里——相对于地球上的生命而言，数万年不过眨眼一瞬间——人类利用其智慧取得了惊人的发展：发现电力、建造摩天大楼、治愈疾病、掌握飞行技术，甚至将人类送上月球，并将探测器发射到我们的太阳系之外。人类的智慧促成了这些成就，人类智慧不同于该星球上的任何东西，有可能在整个宇宙中都是独一无二的。

想象一下，假如我们有了可以帮助我们创造更多新发明、回答更多问题的智能机器，世界会怎样？这正是人工智能（AI）的目标。

长期以来，计算机在数学和逻辑等方面表现出色，但它们尚不如人类思维灵活。我们觉得很简单的活动，比如识别不同的动物或展开对话，一般来说很难实现自动化。但随着计算机的迅速发展，人们发现了新的编程方式，解锁了其中的一些能力。如今世界上许多杰出的科学家们正致力于设计新的程序或算法，使计算机能够像人类一样，在各种环境中使用智慧来实现目标。这就是人工智能。

目前人工智能研究中最热门的领域是"机器学习"。机器学习采用了一种不同于普通计算机编程的方法：机器学习的研究人员编写的学习算法不是给计算机下达一步步精确的指令，而是让计算机通过观察周围的世界，自己找出答案。例如，机器学习研究人员可能会写出一个学习算法，然后向计算机展示很多不同的猫的图片，而不是写一个程序告诉计算机猫有两只眼睛、四只爪子和胡须。随着时间的推移，该算法将从这些例子中学习如何识别猫咪。这和我们人类教育孩子的方式非常相似：我们可能只是简单地说："这是一只猫"，或者"这是一只狗"，然后让孩子独立找出猫和狗之间的区别。

机器学习最奇妙和强大的一面是，它的适应性比常规编程要强得多。例如，我们可以使用相同算法来训练计算机识别各种不同的动物。我们还可以用它来识别人脸、汽车、建筑物、树木和其他任何东西。这能为我们节省大量精力，因为我们不用再给每个问题编写特定的程序了！因为这些算法是通用的，它们适用于各种不同的情形。

学习算法区别于普通编程的另一个好处是它能够发现我们创建算法时未知的新事实和新策略。例如，一个名为"AlphaGo"的人工智能程序在中国古代棋类游戏"围棋"中击败了世界上最好的棋手。围棋和国际象棋有点像，但较之更为复杂：围棋可能出现的棋盘位置比整个宇宙中的原子数量还多！这使得围棋比赛变得尤为困难，世界上最优秀的棋手终其一生都在打磨技能，尝试新战术。AlphaGo是一种机器学习程序，它像人类棋手一样，通过不断练习多种走法来学

习如何下棋，并观

察哪种走法最有效。这意

味着它发现了一些人类棋手尚未

使用过的新奇策略，所以它不仅赢得了

比赛，还向全世界的人类围棋选手传授了强大

的新技巧——传统的一步步编程算法是达不到这种

效果的。AlphaGo是人工智能的一个重要里程碑，因

为它展示了学习算法在极复杂领域自主探索发现的强

大能力。

当然，我们还没有创造出像人类一样思维灵活又

能干的东西。我们发现许多对于人类来说很简单的任

务，但就算是最好的人工智能算法也尚且无法完成。

但是在过去的几年里，机器学习已经取得了巨大的进

步。除了下围棋和识别人和动物，机器学习还能翻译

多种语言，提高能源效率和促进医学发展，而这还只

是近期人工智能众多出色例子中的一小部分。

然而，这一切还只是冰山一角。人工智能科学家

希望最终实现"通用人工智能"（AGI）——一种在

各方面都能够和人类脑力比肩的人工智能算法，它将

帮助科学家进行重要研究和发现新理论。AGI的实现

将会迎来科学大发现的新时代，正如人类在过去几千

年里用智慧解决各种问题从而取得了惊人的进步一

样，想象一下，如果我们能将这种智慧与人工智能的

力量结合起来，我们将会取得什么样的成就！我们也

许能治愈大多数疾病，能解决像气候变化这样的难题，发现神奇的新型材料，应用于太空旅行、自动驾驶汽车等各方面。这些想法曾经看起来简直不可思议，但如今每天都在实现的路上前进着。

这是机器学习振奋人心的一个时代。似乎每天都有新发现，让我们距离实现通用人工智能又近一步。实现AGI将是人类又一巨大突破——与登月或发明互联网一样。在人类历史进程中，我们制造了许多工具和仪器——从锤子、铁锹到望远镜、显微镜——但它们都不具备人工智能那样的潜力，能够彻底改变人类生活的方方面面。

当然，没有人敢断言我们什么时候能实现AGI，但以该领域的发展速度，它有可能会在我们的有生之

你知道世界上第一台自动驾驶的汽车早在20世纪80年代就出现了吗？！

年实现，那样的话，我们当下就站在改变世界的边缘，眺望着无限可能的未来。从来没有比活在当下更令人激动的时刻了！

这是一个令人着迷和兴奋的工作领域。在未来的几年里，也许你——作为当今年轻一代的一份子，计算机已经成为日常生活中再熟悉不过的一部分——将会成为一个通用人工智能的研发人员。你可以用你的技能帮助我们的社会取得惊人的发展！

谈机器人的道德准则

卡瑞莎·贝利斯
牛津大学研究员

伦理学就是研究何为对错，我们应该做什么和不该做什么。每个人生来都会发现这个世界处于一种特定的状态。如果他们一生都过着讲道德的生活，那么他们死后，这个世界不会变得比他们来时更糟。如果他们做得特别出色，那么他们可能会使这个世界比他们来时变得更加美好。如果你能说，你的到来使这个世界更加美好，而非相反，这难道不是一件好事吗？

想象一下，几年后你成为了一位杰出的科学家，一个拥有技能、知识和资源来创造美好事物的人。像其他众多科学家一样，你可能想创造人工智能——一台可能比人类更加聪明的计算机或机器人。如果你担心道德问题，那么你可能首先会问这项科学发明是否有价值。

如果你觉得这是一个值得你花时间去解决的有趣且具有挑战性的项目，那可就太好了，或许有些项目更有价值。创造一个人工智能是昂贵的。它需要时间、精力和资源，而这些东西或许可以更好地用在其他事情上。也许你可以利用你的聪明才智发明一种消除全球变暖的工具，或者发明一种能治疗所有疾病的药物。一个项目是否值得，取决于它成功的可能性以及它的成本。与人工智能相比，消除全球变暖的工具可能更便宜，也更容易发明。如果你认为人工智能不太可能成功，那么就不值得投入那么多的资金和精力去开发它。

假如你经过深思熟虑后得出结论，开发人工智能实际上是值得的。你有充分的理由认为它不会过分昂贵，而且成功的可能性很大，如果你成功了，那么人工智能将会解决全球变暖、疾病等诸多问题。

你随即决定创建一个人工智能，我们就叫它阿尔弗雷德吧。你如何确保阿尔弗雷德向善而非向恶？初始目的总是好的，比如说你想让阿尔弗雷德成为一个好助手。虽然善意的初衷很重要，但我们都经历过好心办坏事的情形。有时候我们无意中伤害了别人，比如我们本想给朋友一杯美味的冷饮，结果却不小心洒到了她身上。

科学家纵有善意的初衷，可仍然制造出了伤害这个世界的东西。在小说《弗兰肯斯坦》中，玛丽·雪莱讲述了科学家维克多的故事，他对创造生命很感兴趣。维克多好奇并专注于生命的创造，却搞不清自己究竟要创造什么样的生物。最终维克多创造出来的生物非常可怕，他逃离了他所创造的生物。在小说中他所创造出来的生物被称之为怪物，当怪物发现自己被造物主遗弃后变得残暴并袭击人类。

《弗兰肯斯坦》在一定程度上讲述了科学家不考虑伦理道德的后果，那么你如何确保阿尔弗雷德不会变成和弗兰肯斯坦一样的怪物呢？首先你要在设计阿尔弗雷德时牢记正确的价值观。你所创造的他不仅要超级聪明，还要超级善良、风趣并乐于助人。为此，你要尽自己最大的努力进行塑造，使他成为一个正派的人。然后你可能想要检验阿尔弗雷德是否真的如你所想。你在把阿尔弗雷德放进这个世界之前，也许还想在实验室里再测试一下。比如，你可以把他置于人们需要帮助的场景中，看看阿尔弗雷德是否真的像你想的那样善良和乐于助人。如果结果表明他比你想象的要暴躁，那么你可能就得重返实验室对他进行调整，直到把他做得更好。

假设你最终让阿尔弗雷德变得善良、风趣和乐于助人。那么现在你的工作就是确保他继续做一个好人。为此，你应该问问自己：可能会出现什么样的问题？发挥你的想象力吧。例如，假如你让阿尔弗雷德做一件非常紧急且重要的事情，一件拯救生命的事情，他却在任务途中没电了。那可能是一场灾难性事件，会让他（无意间）变得毫无用处。所以你必须确保这种情况不会发生，也许可以设计一种自主供电方式，那样他就不需要依赖电池了。

另一件需要考虑的事情是，有些工具既可以用来做好事，也可以用来做坏事。例如，中国发明的火药起初是当作药物被发明出来的，后来才有了别的用途，先是用来放烟花，后来又用来制造火器。为了避免伤害，偶尔站在恶棍的角度思考问题也是有用的。想象自己是最邪恶的坏人，你会如何利用阿尔弗雷德干坏事？也许你可以入侵他的中央系统，让他表现得像弗兰肯斯坦一样的怪物。为了避免这种情况，你可能需要确保阿尔弗雷德具备黑客无法攻破的安全系统。你也许还想设计一个远程开关，万一出现什么情况还可以远程关闭阿尔弗雷德。

纵观整个科学史，一些科学家已经后悔他们所发明的东西。例如，米哈伊尔·卡拉什尼科夫发明了一种可以帮助士兵保卫家国的自动步枪。后来当这种步枪销往世界各地，并在无数的冲突中伤害无辜百姓时，他认为自己应对这些伤害负责，他希望自己不曾发明步枪。科学的一个危险之处就在于你无法撤销自己已经发明出来的东西。在卡拉什尼科夫的例子中，很容易预见他的发明将被用来制造伤害。当然，最好是像多数科学家那样发明一些令人自豪的东西，比如爱德华·詹纳，他研发出世界上第一支疫苗，从而拯救了数百万人的生命。

当你长大后，如果你从一开始就把道德考虑在内，如果你制造出来的东西被用于好的方面，如果你尽一切努力避免意外后果，那么你的发明可以让人们更快乐、更健康、更聪明。把你的时间和精力花在让这个世界变得更美好的事情上，还有比这更值得的事吗？

卡拉什尼科夫的困境

米哈伊尔·卡拉什尼科夫（Mikhail Kalashnikov）是一名士兵，也是一位工程师，他在第二次世界大战后为苏联军队发明了自动步枪。它的设计和操作都非常简单，即使在艰难条件下也易于养护。现在全世界的人们都在使用它——或使用非法盗版步枪。在卡拉什尼科夫去世几个月前，他给一位牧师写了一封信，询问道："我一直有一个悬而未解的问题：如果我的步枪夺去了许多人的生命，那么我……一个信徒，应该对他们的死负责吗？"

你认为呢？

什么是计算机？

数学法则

　　宇宙有一个奇妙的特征——宇宙中的一切似乎都遵循数学法则，从一颗行星、一束光到一种声波。因此我们可以通过数学运算来预测宇宙的发展。

　　一种计算机器实现了这一局面——我们设计并组装了一系列部件，建成的机器将根据我们选择的运算法则来进行计算。我们让机器自主计算（运行），它进行数学运算并给出答案。如果这台机器背后的原理、它的建造方式和我们的测量数据都足够准确的话，那么我们可以相信最终的答案是准确的。

　　如今我们已经习惯性认为，如果计算机有足够的内存和处理能力，那么它几乎可以依靠编程去完成任何事情，而程序本身也意味着更多的数据。你如今使用的计算机与它最初的设计相距甚远……

早期的模拟计算机

　　早在公元前2世纪的希腊，人们就建造了一台早期的计算机器——安提基特拉机械装置（Antikythera mechanism），利用旋转的齿轮模拟太阳、月亮和行星的周期性行为。机器的设计者将天空中移动的天体比作青铜轮，通过精心排列复杂的机械装置，使它们能够准确地反映出不同时期这些天体在天空中的排列情况。由于它是基于对特定物理系统的类比，所以它是模拟计算机的一个例子。

　　计量尺——中间有滑尺的尺子，也是早期模拟计算机的一个例子。这种发明于17世纪的手持设备一直被广泛使用，直到20世纪70年代出现了袖珍型电子计算器。它是以数学运算中的对数为基础的。

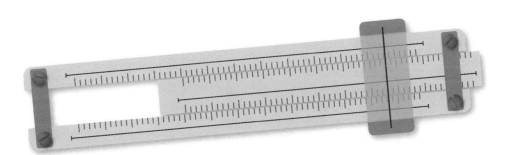

安提基特拉机械装置

　　1900 年，在地中海的安提基西拉岛附近工作的采海绵潜水员发现了一艘古代沉船。1901 年，他们把一块曾放于木箱中的腐蚀的金属带到地面上。多年来，科学家们利用最新的技术检验，发现它是青铜制品，有 30 多个齿轮（最大的齿轮有 223 个齿）。在机器的其他碎片上还有铭文。这种机械装置除了可以预测天文位置，还可以预测日食和像奥运会这样四年一届的赛事。

　　人们制造如此复杂器械的能力已经消失了好几个世纪。

但模拟计算机有明显的局限性。它的主要缺点是，一旦制造出模拟计算机，就只能以固定的精度解决某一类问题。不同问题可能需要进行不同的数学运算，因此需要进行不同的类比，设计制造不同的机器。

另一方面，人类的计算方法是不同的。他们可能会先写下一组方程，然后利用数学规则，将这些方程一步一步地转化成其他方程——这便是你在学校里非常熟悉的解题过程，例如解二次方程。

人们需要一种新的计算设备来解这种问题。

蒸汽电脑！

机械计算器随之而来。17世纪布莱斯·帕斯卡研发的计算器在当时具有划时代的意义。随后，在1837年，查尔斯·巴贝奇设计了一台分析机，如果实际制造出来了的话，这台分析机将是第一台可编程的计算机——它将使用穿孔卡片来编写程序和数据，仅使用机械部件，且能够像通用图灵计算机一样运行。但它仍会比现代计算机慢很多！而且它是由蒸汽动力驱动的……

更多图灵机信息请翻阅第350页。

布莱斯·帕斯卡
(1623 — 1662)

布莱斯·帕斯卡是一个法国神童。他是一位数学家、物理学家、发明家和神学家。16 岁时，他写了一篇令人印象深刻的几何方面的文章，甚至有人认为那一定出自其父之手。

1638 年，帕斯卡的父亲被派往鲁昂，解决当地乱成一团的税收问题。时年 18 岁的帕斯卡看到父亲为恢复秩序而头大时，便发明了一种能进行加减运算的机械计算器。在接下来的几年里，他屡次改进这台机器，但未曾取得商业上的成功。然而，这最终使他成为了计算机工程的先驱。

帕斯卡还一手策划了巴黎历史上首次公共马车服务！

查尔斯·巴贝奇
(1791—1871)

查尔斯·巴贝奇，英国数学家、发明家和计算机先驱。他在 24 岁时成为英国皇家学会会员，并和他人共同创立了分析学会、天文学会和统计学会。巴贝奇在剑桥大学担任卢卡斯数学教授，但他却从未开过讲座。他设计了两台用于数学计算的机器，分别是 1823 年的差分机和 1837 年的分析机，这两种机器接受穿孔卡片指令。这些机器还可以把信息存储于内存中，并拥有一个繁琐程序（即计算单元）和一台打印机，其功能与现代计算机一样。不过令人遗憾的是，巴贝奇无法为此筹集足够资金，也找不到制造这些零部件的工程专家。20 世纪末，伦敦科学博物馆利用巴贝奇的设计制造出了缩小版的机器，成品能够正常运行。

与巴贝奇共事的阿达·洛芙莱斯（Ada Lovelace）编写了第一个算法（或计算机程序），她也是第一个意识到计算机算法的用处不止纯计算的人。

从图灵机到第一台数字计算机

数字计算机是一种自动遵循算法的机器（就像人类遵循算法那样，只不过速度快得多）。实际运行中，它将输入的（可能很大）的整数转换为输出的整数。

为什么是整数？

因为将文本转换为数字很容易。例如，在ASCII码格式中，"A"用65表示，"Z"用122表示。对于实际的数字，在实际运行中我们总是希望将分数具体到某一位（或精度），以99.483为例，它等于$0.99\,483 \times 100$（100在数学上写成10^2）。所以数字计算机实际上只需要存储整数$99\,483$和数字2，它使用的是10的幂（10^2）。真正的计算机通常使用二进制数字（位），只取值0或1，任何数据——数字、文本、图像、程序指令，都可以用二进制符号中的整数来表示（编码），并在计算机的内存中拼成一个长长的二进制数。

1949年，剑桥大学建成并开始使用真空管电子计算机——电子延迟储存自动计算器（EDSAC），进行研究，并在接下来的几十年里，电子元件不断缩小，从金属管到晶体管，再到后来的集成电路和将电子部件蚀刻在单片硅上的微处理器。

如今的计算机

我们期望如今的计算机是一台能够读取和存储数字数据和指令的机器，然后按几个键，或移动鼠标，或滑动、缩放或触摸屏幕，就能自动完成我们希望它做的事情。它的体积也比之前的机器小得多。电子物件不断压缩，越来越多的零部件挤得越来越近，计算机的运行速度大大提高。

与20世纪30年代的图灵机不同，一台计算机的内存仍然很有限。例如，它可能只有2GB的RAM（随机存取存储器）。它还得高速运行完成基本操作——可能每秒200亿步或浮点运算（20 gflop /s）。

例如，当你双击笔记本电脑上的图像文件时，图像查看器应用程序和图像文件都会从磁盘上读取到内存中，然后处理器运行图像数据上的应用指令，将其解码成正确的彩色圆点发送到屏幕上，这样你就能迅速看到相应图像。

如今的计算机也有永久存储器（硬盘），关闭电脑而不会导致文件丢失。它通常与其他计算机相连，并很可能会接入互联网。

现在许多家庭都有一台或多台个人电脑，人们甚至可通过便携的平板电脑或智能手机上网。每年都有新技术问世，未来的电脑可能会改头换面。

- 1个字节是8个比特，足以存储字母表中的任意字母。

- 1千兆字节是1 073 741 824字节。

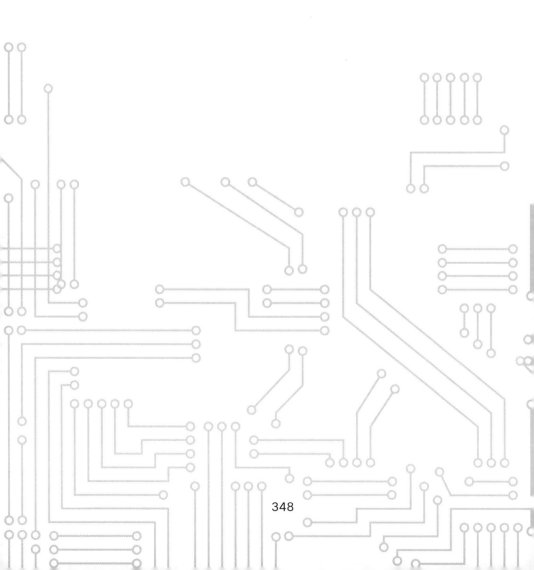

艾伦·图灵
(1912 — 1954)

艾伦·图灵是一位数学家、计算机科学家和密码破解者，他因在第二次世界大战中为击败纳粹发挥了至关重要的作用而闻名。他在世时被认为是一个同性恋者。2009 年，英国首相戈登·布朗就图灵生前所受迫害发表了公开道歉。2017 年的一项法律赦免了那些因性取向而入狱的人，这就是人们所熟知的《图灵法案》。

艾伦很早就表现出了数学和科学方面的天赋，后来他创造了图灵机，这是一台想象中的计算机，从理论上可以计算出任何东西。

他破译密码的本领有了用武之地，他发明了一台装置，可以破译敌军士兵间发送的机密信息——现在人们都说，他的发明在第二次世界大战中挽救了 1 400 多万人的生命！

通用图灵机

一种虚拟设备

在1936年，"计算机"其实是进行计算的人。天才数学家艾伦·图灵开发的图灵机旨在成为一种简单的虚拟设备，使它能够重现计算机在计算时所有可能会做的事。因此，这台机器是一个数论上的而非现实存在的一个装置，用它来理解什么是计算以及通过计算能得到什么结果。但它不可能实际存在，例如假设它有无限的"存储"空间和运行时间，显然这两者都不可能实现。

一串 0 ……

　　限定的编码指令列表率先定义机器的操作。假设一盘很长的纸带，上面写着一长串的0（和纸带一样长）。这盘纸带向两端无限延伸（假定它是无限长的），代表计算机的"内存"。在这些0中，夹杂着有限个的1，代表给机器的"数据"。纸带上的是处理设备（处理器），它只能读取当前正下方的一个符号，它可以原封不动，也可以用0或1去替换。

　　它还有一个走速稳定的时钟，时钟每嘀嗒一次，处理器读取它当前所看到的符号。然后根据读取的内容和当前状态，执行以下两种操作中的一种：

- 更改符号，将其标记为0或1，然后沿着纸带向左或向右移动一个位置，可能更改为另一种状态并等待下一次嘀嗒。
- 行为同上然后停止（关闭）。

它实际如何做取决于我们给它设定的规则（"程序"）以及它在纸带上找到了什么。举个例子，假设机器开始处于0的状态，纸带上有一长串0，在它右边的某个地方，一些0被1取代——这些1形成了某种样式，这便是我们输入的二进制数。

一个好的程序是，在初始状态为0的条件下，读取0然后切换至0状态，写入0并向右移动。

这个意思是当机器最初在看到0时（当它处于状态0时），它保持在原状态，不修改纸带上的0，并向右移动一步。如果右移一步后的纸带上仍然显示是0，那么作同样的处理——机器保持原0状态，将纸带留在原处，再右移一步。

伴随着时钟的每一次嘀嗒循环往复，直到机器最终在纸带上写下第一个1。它现在需要一个程序告诉它在0状态下读到1时应该怎么做。最简单的规则就是：保持状态0，写入1，向右移动一步，然后停止。那么机器左边将出现1，这就是计算结果。

我们可以把这个非常简单的计算描述为v，其中有效含义是"至少包含一个1"。如果机器启动时右边没有写入1，那么它会继续向右移动，一直寻找1——它不会停止，而是继续徒劳无果地运行下去！实体计算机上也可能会发生这种情况——某个程序会无休止地"执行"或"循环"，直到电脑宕机。

不幸的是，这种可能性是图灵机和实体计算机的基本属性，但是我们可以通过坚持"有效"输入至少包含一个1来阻止这种情况的发生，但这样的话就不能永久使用第一条规则了。

每一种可能的计算

假设给予足够的时间和能力，在纸带上写下同要求数量一样多的 1，我们能想到的所有整数的机械操作，都可以通过给图灵机右边输入数字，启动时钟，等它停下来，然后便可以在机器左边读出答案。它囊括了人类用纸笔能做的所有算术运算，艾伦·图灵提出，他的图灵机所能进行的计算应当作为定义，即哪些是可以计算的。令人惊奇的是，80 年后人们仍广泛认为这是一个好定义，因为所有已知的数字计算机设计都只能计算图灵机所能计算的东西。

图灵还从数学上证明了，即使是图灵机也无法解决所有的问题！换句话说，数学中某些问题是无法计算的，计算机还无法代替数学。

有什么是计算机做不了的？

即便有足够的时间和内存，所有已知的计算机设计（包括量子计算机）的计算能力都不会超出图灵机的计算能力。然而，图灵证明了一些数学问题是无法计算的，也就是说，它们不能用图灵机来解决——因此也不能用现在任何已知的计算机来解决！他用一个关于图灵机本身的问题来证明这一点，这个问题被称为"停机问题"。

停机问题

图灵机什么时候会停止？如果它只有一个状态（状态0），那么只需要两个规则——机器读取0或1时该做什么。根据"1"规则的制定方式，这些规则可能会导致不同的结果：

规则"0"表示保留0并向右移动，直到找到数字"1"，然后停机。机器停止并输出答案。

但是图灵机可能会陷入一个无限循环：选择"如果读到1，写入1并向左移动"将使机器回到前面的0，然后下一次又会读到"1"（紧跟着规则"0"），然后不断重复上述两个动作。

制造一台不会停机的图灵机也很容易。将规则"1"更改为"如果读到1，那么写入0并向左移动"将导致机器移动到前一个0，然后返回，但这一次它看到的是0，那么就继续进行直到碰到下一个1。机器会把所有的1变成0，然后永远消失在右边。

机"H"

艾伦·图灵提出了一个疑问：有没有这样一种算法，当输入任意图灵机程序和其他内容时，如果这台机器不曾停机并输出答案，那么它输出的答案会是0吗？

假设这样的算法存在，那么就需要一台图灵机来执行它。此外，还要有一台机器来测试当输入自身程序时，图灵机是否会停机。我们称这台机器为H，当且仅当输入图灵机自身程序时H才会停止，而图灵机本身不会停机。

那么如果我们给H输入它自身程序，会发生什么情况呢？

如果它停机了，那么它就是一个输入自身程序时会停机的图灵机例子，但是H的设计初衷是当输入自身程序时不停机！

如果它不停机，那么H就是一台输入自身程序时不停机的机器，但这也意味着H输入H程序应该停止，因为它是专门设计用来检测这类机器的。

不管怎样，这都是自相矛盾的！这种荒谬的情形告诉数学家，他们做出的正确假设是错误的。因此，构造虚拟图灵机H（不可能存在的）是相当聪明的想法。它证明了没有图灵机能够计算是否存在输入任何程序都不停机的图灵机。如果这个问题不能用图灵机解决，那么它在我们目前能想象到的任何一台计算机上都是无法计算的。

简单地说，计算机不能解决这个问题！

无限的数字

程序有无限种可能，图灵机的数量也没有限制，但由于每一个计算机程序都可以变成一个更大的二进制数，我们可以按照大小顺序列出该数集，数学家们把所有程序或机器的集合描述为可数无穷集合。

但还有更大的无穷大，例如无穷小数 —— 被称为

"实数"，这些是计算机无法生成的。

例如，实数pi（π）（在计算圆周时一般取值3.142）可以由计算机输出小数点后的任意位数。前几位是3.1415926535，计算机已经计算了数万亿位小数。然而，大多数实数无法生成，因为它们根本无法计算，计算机也无能为力！

未来？

一些理论家推测，未来将会出现一种依赖于某种目前未知的物理学原理的新型计算机，它比图灵机计算量更大，而人脑（原始"计算机"）甚至可能就是其中之一。

对于人类大脑是否能用一个足够复杂的图灵机来描述，目前尚未达成普遍共识。

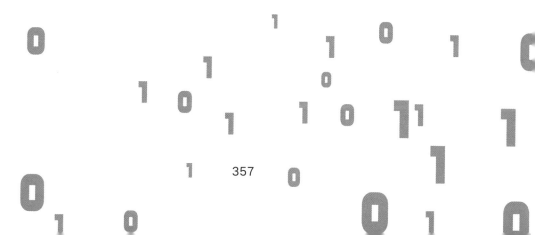

量子计算机

雷蒙·拉菲拉姆（RAYMOND LAFLAMME）

加拿大滑铁卢大学 量子计算研究所前主任

　　计算机几乎已经渗透到我们日常生活的方方面面。如今我们家里、汽车里都有计算机，大部分人还会随身携带一台可移动电脑设备。这一技术革命的成功是因为我们理解并利用了周围世界的特性，而理解这个的核心则是数学。

对数学家的挑战

1900年，一位德国数学家——大卫·希尔伯特（David Hilbert）列出了一张23个有待数学家们解决的问题清单。其中一个问题是数学家能够总是在有限的时间内判断一个数学命题的真伪，英国数学家艾伦·图灵在解决这个问题时，提出用机械的方式推导定理，建造一个虚拟机，即图灵机。这就是今天经典计算机的蓝图。

经典 vs 量子

伽利略、牛顿、麦克斯韦等科学家对我们周围的世界进行了精准的描述，提出了经典力学的理论，但当科学家们开始在原子和分子的尺度上研究分析时，经典力学不再适用，他们需要一套新的理论和规则：量子力学。

量子力学与经典力学的规则有很大不同。例如，叠加原理指出，如果A和B都是量子力学方程的解，那么A+B也是一个解。这是什么意思呢？以电子为例，如果一个解在这里有一个电子，另一个解在那里有一个电子，那么我们就有一个解是单一电子既在这里又在那里。将这种可能性推向极限，物理学家薛定谔证明了在量子尺度上，我们可以看到一只猫既活着又死去——这在我们的尺度上肯定是看不到的！

关于薛定谔的猫内容请翻阅第104页。

在计算机上使用量子原理

1. 首先，我们将1比特信息转换为1比特量子，或者简称量子位 —— 它可以同时被编码为0和1状态的叠加！

2. 如果我们有两个量子位，那么它们可以处于四种状态的叠加态。00，01，10和11。现在假设三个量子位，那么有000，001，……111，总共八种叠加态。

3. 你可以看到，状态数量随着量子位的增加而呈指数级增长，只要把经典的"或"（0或1）改为量子的"和"（0和1），那么我们的计算能力就可以呈指数增长！

4. 这意味着，如果我们改变了计算规则，那么我们就可以开发新的算法，也能极大限度地改善我们能够解决的问题类型，不过量子计算机不一定在解决所有问题上都呈现出优势。

5. 因此，量子计算机在处理某些问题方面功能强大，比如因式分解两个素数的乘积，而这对于经典计算机来说却是一个难题，这也是当今大多数网络安全的基础。量子计算机将能够轻松解决分解问题，并破解加密。量子算法还将适用于其他复杂的学科，如材料科学（我们要创造新的量子材料并了解其性能）、化学（预测大原子和大分子的行为，并将其应用于药物设计等）、医疗保健（通过构建新型传感器）以及更多我们尚未提及的领域。这些原理使我们能够开发出一种新的语言，这种语言适用于表达和倾听诸如原子和分子之类的量子粒子。

量子力学是我们理解这个世界基本结构的一把钥匙。量子信息科学给我们提供了一个难能可贵的机会，利用量子力学开发一些令人匪夷所思的技术，如量子计算机、量子密码学、量子传感器以及其他一些我们今天难以想象的新技术。

3D打印

提姆·布莱斯提吉（TIM PRESTIDGE）博士

英国豪迈股份有限公司(HALMA PLC)部门首席执行官

什么是3D打印？它与2D打印有何不同？为什么这项技术令人兴奋？

"3D"是什么意思？

"D"表示"维度"，所以3D就是指三维，即具有以下维度的东西：

- 长（一维）
- 宽（二维）
- 高（三维）

所以，纸上的图像是二维图像（平铺在纸张上），而你每天与之互动的实物（比如你的自行车、你的晚餐和你的鼻子）都是 "三维" 的。

切香肠！

2D打印（二维）就是我们通常所说的 "打印"，譬如使用与家里、学校或图书馆里的电脑相连的打印机打印。

2D打印机通常：

- 使用特殊的油墨在纸上打印出二维图像。
- 将描述二维图像的电子文件，如数码相机中的照片或文字处理机中的文档，用电子方法 "切成" 众多薄条状。这个过程有时被称为 "切香肠"，因为它有点像厨师切香肠的过程。
- 依次在对应的纸张上将每个电子切片小心地喷洒上彩色墨水，从而产生该切片的精确图像。
- 然后向下移动，对下一个切片重复该操作，一个接一个，直到最后在纸张上完成整个图像。
- 艺术家和电影制作人可以通过一些技巧使2D物体呈现出

神奇的机器

　　我儿子小时候会好奇地看着打印机快速打印出照片和信件。如果我们在网上买了什么东西（比如玩具），他也会很仔细地观察——他会站在打印机旁边期待我们刚下单的东西从里面吐出来！对于一个 4 岁孩童来说，这样的行为完全可以理解。有趣的是，某些类型的玩具现在已经基本实现了 3D 打印。

　　3D效果：例如图片中的透视和电影中的3D特效，但这些其实都是光学错觉，图像本身仍是2D的，因为它们只有宽度（一维）和高度（二维）。

制作一个真正的 3 D 物品

　　3D打印出来的东西不仅仅是一个2D图像，而是一个真正的3D物体。这种机器被称为3D打印机或增材制造设备。

- 和2D打印一样，它也是从电子文件开始的。然而，这是一种特殊类型的电子文件，称为CAD模型（CAD表示计算机辅助设计），它描述了3D打印对象的每一个细节。

- 如果你在电脑屏幕上看一个物体的CAD模型，你可以看到这个物体的外观，但是你也可以"穿越"至内部任意一点观看该物体。

- 3D打印机将CAD模型切割成电子切片，一个接一个，每片大概只有20微米厚。

- 尽管所有的切片都是3D的，因为它们有厚度（或长度）、宽度和高度，但3D打印机将每个切片视为能够精准显示物体被切割后的2D横切面。

- 3D打印机打印出每一个切片——从最底部的开始——正如打印机打印2D图像一样。不过，它不是将墨水喷在纸上，而是在每个切片上生成20微米厚的一层"物质"（可以是液体塑料、蜡或金属，如银、钛或钢）。

- 一个切片材料变干变硬，然后3D打印机指示（向上移动）并生成下一个切片，在下一个切片上再增加一层20微米厚的物质。

20微米，或者说1毫米的1/50，大约是你一根头发丝粗细的25％！因此，一个10厘米高的CAD模型就像切成大约5 000个电子切片的意大利腊肠！

365

- 这个过程不断重复，直到所有切片的CAD模型全部打印完成，从而产生一个真正的3D物品！

关于3D打印机的事实

- 最常用的材料是塑料，因为它能轻易地以液体的形式喷射出来，并快速固化成型。它也是制作样机（新事物模型，如建筑或汽车模型）的理想材料。由于现代机器可以同时使用几种不同的塑料，而且可以打印彩色，因此样机能够做得非常逼真。目前这仍是3D打印机最大的应用。
- 目前使用的3D打印机有如下两种常见类型。

  挤出机：物料被挤出喷嘴，类似于用裱花袋给蛋糕造型。当使用一种以上的颜色或材料时，挤出机特别好用，因为这种机器能轻易添加多种喷嘴。

  分层机：这些都是最常用的金属粉末。倒出足够的粉末完全填满一层，然后用高能激光将金属粉末在该层的正确位置精确地熔合成固体形状。一旦模型完成，多余的金属粉末则被刷掉。

- 科学家们预计，未来几年里使用塑料的打印机将会越来越普及，你可以下载模型，然后3D打印出这个的东西，比如定制的自行车头盔或个人工具。
- 工厂中的3D打印机使用金属和陶瓷等材料，比如它能够打印出更轻便更结实的喷气飞机部件，从而使飞机更安全、更省油。

- 用于植入新髋骨或牙齿以及颅板（用于修补颅骨上的洞）等医疗设备也可以3D打印，因为3D打印能够根据需求专门定制。

未来的机器人？

如今的3D打印机仍然较慢，而且只能同时打印几种材料，它还不能打印一个完整的机器人，因为打印机器人需要多种材料的复杂连接部件：金属部件、齿轮和马达、磁铁、电线、塑料、石油、油脂、硅、金，甚至罕见的钇和钨！

但是在完全自动化的工厂里，3D打印机制造机器人零件则很容易。零件可以通过机器人从3D打印机上完成卸载，然后用抛光机器人抛光，之后再用组装机器人完成组装……

还有使用3D打印机（以及其他技术）制造机器人的机器人？未来能够实现吗？

无人驾驶汽车

无人驾驶汽车——听起来像科幻小说里的！

无人驾驶汽车已经有了！它们也被称为智能汽车或自动驾驶汽车，这些车辆可以在无人操纵的情况下执行普通汽车的主要功能。它们可以通过雷达、计算机系统和全球定位系统感知周围的环境，从而完成导航、绕过障碍物，应对不断变化的道路状况。

以谷歌的自动驾驶汽车为例，它由一种叫作司机（Chauffeur）的软件驱动，已经运行了好几年了，而且最新款的汽车没有方向盘和踏板！

无人驾驶汽车可能真的很实用：长途旅行不会感到疲惫；可以帮助那些不能驾驶汽车的残疾人或盲人。如果功能正常运行，由机器人驾驶的汽车可能比人类驾驶的汽车更安全：机器人不会望窗外，不会摆弄收音机，不会接打手机，也不会与乘客争吵！但是

所有的机器都有可能发生故障，消除人为错误并非意味着就一定不会发生事故。如果无人驾驶汽车在行驶中出现故障，车内的乘客可能无法控制汽车。如果我们都忘了怎么开车，会发生什么情况？这是个好点子吗？公共汽车、长途汽车和出租车司机又怎么办呢？如果机器人接管了道路，那这些人又要去从事什么工作呢？

欧洲的一些国家已经在起草计划，为无人驾驶汽车创建交通网络，并制定无人驾驶汽车领域的相关法律。留心身边，你可能很快就会在附近看到一辆无人驾驶汽车。

地球面临的问题

小行星攻击!

小行星是大约46亿年前太阳系形成时遗留下来的岩石碎片。科学家估计我们的太阳系中可能有数百万颗小行星。

小行星的直径一般从1米到数千米（数百英里）不等。

偶尔，某颗小行星会被推离既有轨道 —— 比如被附近行星的引力所推离，从而可能导致它进入地球轨道，并与之相撞。

大约每年都会有一块小汽车大小的石头撞进地球大气层，但在到达地球表面之前就燃烧尽了。

每隔几千年，就会有一块运动场大小的岩石撞击地球；每隔几百万年，地球就会受到足以威胁人类文明的小行星或彗星的撞击。如果一颗小行星或一颗彗

星——一个像弹弓射出的弹丸一样围绕太阳旋转的岩石冰球撞击地球，它可能会撞击到地球表面，从而引发火山爆发。那么地表的一切将无一幸免。

6500万年前，一颗小行星撞击了地球。这可能是导致恐龙灭绝的原因——撞击产生了粉尘，遮挡了阳光，导致恐龙和许多其他物种灭绝。

流星体是穿过太阳系的岩石；岩石如果降落在地球上就成为了你所谓的陨石。

371

伽马射线爆发 …… 完蛋！

我们还面临着来自太空的伽马射线带来的灭绝威胁。

当大质量恒星到达生命终点并爆炸时，它们不仅将炽热的尘埃和气体以膨胀云的形式穿过宇宙，还会发射出类似灯塔光束的致命的伽马射线束。如果地球正好处于这样一束射线的路径上，并且伽马射线爆发（GRB）在距离我们非常近的地方，那么这束射线将会破坏我们的大气层，从而导致天空中充满棕色氮云。

这种爆发是罕见的。只有在距离我们星球几千光年远的地方爆发，且光束精准地击中我们，才会造成真正破坏。因此，仔细研究过该问题的天文学家们并不是很担心！

自毁！

在没有小行星或伽马射线助力的情形下，我们自身业已造成了很多破坏。

地球正遭受人口过剩之苦。

过多的人口意味着我们需要种植更多的粮食作物，会对地球的自然资源造成更大的压力，并将更多的气体排放到地球大气层中。关于气候变化有很多争论，但科学家们很清楚，地球正在变暖，而人类活动是造成这种变化的原因。他们预计气候变化将会持续下去世界将会变得更热，一些地区将经历强降雨，而另一些地区将遭受干旱。海平面或将上升，这将使沿海地区人们的生活变得非常困难。

地球上的人类活动越来越多，而其他物种却越来越少。物种灭绝的问题变得日益严重，我们正目睹物种群从地球表面上消失。就在我们还在了解地球是如何运作的时候，我们正在破坏这颗美丽而独特的星球，这似乎才是真正的遗憾。

地球上，近四分之一的哺乳动物和三分之一的两栖动物都濒临灭绝。

地球是70多亿人的共同家园。

未来食物

马尔科·施普林曼博士

牛津大学牛津马丁学院 人口健康高级研究员

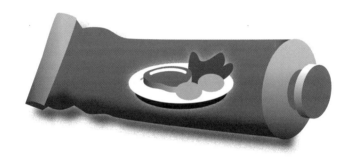

　　人们预测过许多未来食物，从"食用空气"到"餐丸"都有。精心设计的新奇食品受到未来食物主义者的推崇，实际上也是早期太空任务所用的主食。如果你登上20世纪60年代的一艘宇宙飞船，那么你会有用牙膏皮包装的液态或泥状早餐，午餐则是一种吞的食物块，晚餐可能是一些冻干食品粉末。这可不像能引起人食欲的样子！

　　营养学家早期对维生素片和"餐丸"满怀热情，现在已经转向关注全麦食品了。以不起眼的苹果为

例，和其他水果蔬菜一样，苹果中含有数千种复杂混合物。吃苹果可以帮助我们预防癌症和心脏病等慢性疾病。

科学家们试图提取他们认为的有效成分，比如从苹果这类水果中提取维生素C，从菠菜等绿叶蔬菜中提取维生素E，从胡萝卜等橙色蔬菜中提取胡萝卜素。然而，研究表明在大多数情况下，食用这些提取物药片并没有任何预防疾病的效果，有时甚至可能增加慢性疾病的患病概率。你必须吃完整的食物才能获取有益健康的物质。

现在在宇宙飞船或空间站餐厅里看到的食物，和你在地球上看到的差不太多。来点土豆泥、坚果、西兰花，甚至一天一个苹果怎么样？

进一步深入思考食物的未来，思考一下什么影响我们的饮食，以及我们的饮食如何影响我们的健康和我们的星球（以及未来可能发现的任意星球），可能会有所受益。

我先问一个简单的问题：你为什么要吃东西？

你吃某一餐也许是因为你喜欢它的味道，或者你饿了。也许你吃它是因为它就在那里，是别人为你准备好的。那么你觉得为什么那个人选择做这些食物而不是其他的？为什么要先吃这些东西呢？

科学家们在尝试预测未来吃什么时，也考虑了一系列类似的问题。他们从过去能生产什么，生产过什么以及产地着手。在英国，目前包括牛奶、肉类、小麦以及土豆和胡萝卜等块根类蔬菜，当然还有一些水果，比如苹果和草莓。然后，他们观察周围有多少人在吃这些当地生产出来的食物，这些人在食物上的花销是多少，其他地方还有什么食物，以及远近地区间食物交换的难易程度。

科学家们的观察结果是，随着人们变得越来越富有，通常会消费更多食物，尤其是更多的肉类、奶制品、糖和油，而谷物和豆类的消费减少。这一观察表明，未来随着世界人口数量的增加和人们收入的提高，我们可能会面临两大问题。

第一是环境问题，第二是健康问题。

在过去的200年里，许多人都在担心，我们可能无法在地球上生产出足够的粮食来养活不断增长的人口。另一个担忧是，我们能否通过环保的方式生产食物。

我们在地球上生存的最大威胁之一可能就是气候变化。食物扮演了不可小觑的角色。目前，造成气候变化的所有温室气体中，近三分之一是在粮食生产过程中排放的。如果人类继续食用肉类，预计未来这一比例还会持续增加。

牛肉是迄今为止最大的罪魁祸首。牛是在其中的一个胃——瘤胃中发酵饲料，在消化系统中产生温室气体。是的，我说的是打嗝和放屁！此外，种植牲畜饲料需要用到化肥，这也会排放温室气体。因此，牛肉的每克蛋白质产生的温室气体是扁豆和豆类等农作物的250倍，是蔬菜的20多倍。其他动物性食物——如鸡蛋、奶制品、猪肉、家禽和一些海鲜——排放的温室气体比牛肉要少得多，而植物性食物排放的温室气体最少。

因此，为了拯救我们的地球，科学家们呼吁人们远离动物性食品，转而食用更多的植物性食品，就不足为奇了。食品行业也迫不及待地转向以大豆为基础的肉类替代品、藻类提取物以及生产过程中排放较少温室气体的肉类，比如实验室培育的肉类或可食用昆虫。也许你将来会成为这一领域的科学家，在不伤害地球的情况下致力于养活整个世界的粮食生产。

接着谈一谈健康问题：转向植物性饮食还可以避免一些因肉类、奶制品、糖和油的增加而带来的健康危害。最近发现加工过的肉类（包括汉堡、香肠、鸡块，还有炸鱼薯条中的炸鱼）中含有致癌物质。这意味着，常年食用这些食物的人在未来患癌风险更高。甚至未经加工的猪肉和牛肉也会增加患癌和其他慢性疾病的风险。

同时，高能量的食物糖、油含量较高，如饼干、薯片、薯条、含糖饮料等过度加工食品，导致越来越多的人超重和肥胖，这也意味着更大的患病风险。有时这些食物被称为"空热量"食物——没有任何营养价值的高热量食物。这些食物不会让我们有饱腹感，我们经常在两餐之间拿它们当零食吃。还有人把这种食物称为"垃圾食品"。我敢肯定你能猜到原因。

　　这一切会给我们带来什么？很明显，为了避免危险的气候变化和不健康的饮食引起的相关疾病，未来需要避免过多食用肉类、乳制品、糖、油。健康环保的未来饮食结构中不健康、高排放食物（如大多数动物产品和富含糖、油的超加工食品）占比较低，而健康的低排放食物，如粗粮、坚果、水果、蔬菜和豆类等占比增加。

　　下次去火星的时候，不要吃牛肉汉堡和薯条，试

试全麦面包和小扁豆汉堡，外加生菜和西红柿片，如何？你喜欢的话也可以加一管海藻酱。甜点就是你最喜欢的水果。祝用餐愉快！

政治的未来是……你！

安迪·泰勒

皇家艺术学会会员，政治和立法顾问

政治关乎权力。诚然，有些人渴望权力，因为他们专横，喜欢自己的声音，抑或他们认为别人会对自己刮目相看。这样的人随处可见。重要的是，大多数从政的人都想利用他们的权力做好事，帮助他人，让他们的邻居、国家和世界变得更美好。利用整个国家的力量将个人想法付诸实践是实现重大变革的最佳途径之一——比如应对气候变化或引进令人兴奋的新技术。然而，要想取得成功，只做正确的事是不够的，你还需要说服其他人赞同你的观点。

听听政治家们的声音

有了选民赋予的权力，政治家们可以做其他人或组织不能做的事情。他们可以推行人人都必须遵守的法律；他们可以让大家纳税，然后用税收去实现他们的想法。这意味着要考虑诸多不同的观点，并判断哪些观点可能奏效——这就是为什么辩论是如此重要。只有当人们辩论什么对国家最为有利，而不仅仅是粗鲁地相互谩骂时，充分有力的争论才是健康民主的标志。

人们担心政治家们不会表达民意。即使政治家和我们一样都是普通人，但他们很难承认自己犯了错或自己也有所不知。对他们来说，承认自己不完美非常困难，因为有那么多的政治对手和记者们注视着他们的一举一动，等着他们出差错。

为了避免这一问题，一些政治家可能会陷入谎称一切皆好的陷阱，他们有时会避免回答简单的问题或为自己的决定承担责任。一些人试图通过叫嚣对手来转移人们的注意力，还有一些人试图将自己的观点伪装成不容质疑的事实。聆听这些辩论会使你获益匪浅，那些公开、诚实以及那些想要做实事的政治家们的结局通常会比那些试图回避问题的政治家们要好。

尝试你的观点

试着挑一个你感兴趣的问题，听听政治家的观点。可能是书中提到的或未提及的某些问题：保护濒危老虎或阻止海滩污染。你可以通过看电视、下载文件、阅读各种报纸或关注社交媒体上的讨论来关注新闻报道。

想一想这些观点之中，哪些你赞同，哪些不赞同。和关注同样问题的人交流你的想法，你是完全同意还是有不同的观点？找到和你持不同观点的人也很有趣。当你认为政治家没有给出一个直接的答案，或者故意把答案复杂化，或者他们声称某件事是绝对事实而实际上那只是个人观点时，你要试着分辨和判断。

在数学中，一个算式对应一个正确答案。在物理学中，你知道如果把一个苹果扔到空中，它肯定会掉回地面。然而，政治是做出自己的判断，讲出自己的想法，然后讲理由说服别人同意你的观点。当然你也别忘了，当你对一个问题了解得更深入时，你可能会改变自己的想法。

如何才能改变世界

有意见是件好事，但它本身并不能改变什么。如果你想改变一些重大问题，你必须找到有能力做出正确决策的人。你也许想禁用塑料袋，那么，谁负责制定新的法律？抑或你想在社区建一个新运动场，那么由谁来支付这笔费用？

记住，政治家们不会只听取你的一家之言，会有很多人带着各种问题和想法来找他们。他们的时间和经费有限，很难快速作出正确的决定。

让别人听到你的声音！

正如政治家需要有人支持才能当选一样，你同样也需要证明你的想法是可行的且会受到大众的欢迎。你可以加入现有的某个组织，也可以发起一项请愿——一份由所有同意你想法人的签名单，并提交给某位政治家或其他领导人，他们可以为你请愿的主题做些什么。你可以给当地报社写信。找到和你志同道合的人和组织至关重要，你们目标一致，并肩作战。

过去，政治一直是由某一小群人来决断什么是大家的最佳选项。放眼未来，我相信，让不同的人参与到政治决策中来，倾听不同的观点，并鼓励大家对自己的居所——城镇、国家、星球，所做的决策产生积极反响。

　　无论你以何种形式参与政治，你都和其他人一样有发表意见的权利，也有让自己的声音被听到的权利。

未来之城

贝斯·韦斯特

陆安商业地产公司（LANDSEC）伦敦地区发展部主管

大多数人对未来城市有各自的想法。而我的想法始于1962年首播的一部名为《杰森一家》的动画片。杰森一家生活在2062年，住在一栋高层公寓楼里，大家乘坐飞车出行，杰森先生每周只工作2小时，在跑步机上遛狗而非户外。《杰森一家》中展示的几个概念已经实现了：他们通过视频交流，在电子屏幕上阅读。

不管你认为未来城市会是什么样子，它们都会不断发展，但还有很多挑战需要解决，才能使未来城市成为宜居之处。

现代城市——现在世界上大部分人口安家落户的地方，出现的时间还不到200年。虽然城市已经存在5 000多年了，但直到1800年，全球只有2％的人口居住在城市里。随着工业革命改变了我们的制造和种植方式，才有越来越多的人移居城市。在那200年后，即21世纪初，全球超过50％的人口居住在城市。全球发达的国家中，约75％的人居住在城市。到2030年，估计全球67％的人口，发达国家中约85％的人口将生活在城市里！

如果我们绝大多数人未来都将生活在城市里，我们能为未来城市做些什么呢？使之成为真正的宜居之地、幸福之城。

和未来众多领域一样，技术将发挥重要作用，以各种生活元素一起打造一个美好家园。

过去城市人口增多，导致了大面积污染、交通堵塞、住房短缺等问题，还有对服务的巨大需求。城市是我们的工作之所，未来的城市规划者如果想让城市成为更好的地方，而非让人忍受的地方，那就得考虑如何解决这些问题。

在未来的城市里，我们将在哪里生活、工作和学习？体验如何？我们会有机器人管家吗？我们会不会压根儿不用工作，一切都由机器人来完成？

自工业革命开始以来，许多工作都已经机械化了。我们没有理由认为这种机械化的趋势在未来会有所改变，但人们还需要继续研发更先进的机械和机器人。而很多事情是机器无法完成的：创造性的工作，如写书和艺术，还有设计建筑或电脑游戏。这些领域仍需要人类的创意才能完成。也许未来我们每周工作的天数会减少，人们可以花更多的时间陪

伴家人，服务社区或享受生活。

不管我们从事何种工作，我们仍然需要工作场所。虽然技术不断发展，很多工作可以在有互联网连接的地方完成，但很多人仍然会选择去办公室或其他可以与他人合作的空间。因此，我们很可能还是希望有某种建筑场所可以互相交流和分享想法。世界各地开发了越来越多的摩天办公大楼，未来我们的天际线不太可能完全改变，但这些办公室很可能会变成更有吸引力的工作场所。办公大楼对户外空间的需求在不断增加，因此，尽管天际线可能不会改变，但可以有露台、屋顶花园和绿墙，那样办公大楼看起来可能会比现在绿化多得多。

不同城市有不同民居特色——有些城市有很多住宅，而有些城市则多公寓楼。随着城市人口越来越密集，很可能需要加强住房建设，这意味着同一个小区需要容纳更多人生活居住。城市规划者需要考虑如何开发更多的住房来满足不断增长的人口需求，同时使各类人群都各自能够负担得起。

然而，无论我们的房屋外观如何，技术的改进很可能使其内部与今天有所不同。现有的许多设备将继续发展，使我们的生活变得更轻松，智能设备应该能够提示能耗以减少能源使用。其他技术可以打开音乐或放猫出去。而

388

2017年Alexa[1]很可能会发展成一个处理更多家务的全能机器人管家。

学校也将拥抱科技变化带来的利好。我们是否需要走进校园？与人们喜欢去办公室的理由相同，未来孩子们可能仍然会去学校，教师依然是人而不是机器人。但不断发展的技术可能会通过虚拟现实和增强现实的方式，让孩子们"去"到热带雨林或体验法国大革命或置身于罗马帝国，反正比我们今天所能做到的多得多。

如果我们已经了解了未来的工作、教育和家庭方面，那么我们还需要考虑些什么才能让未来的城市成为幸福家园呢？如今的城市问题很可能会继续成为未来的大问题：交通和环境。如果我们的城市越来越大，人口越来越多，人们就很难方便地驱车四处走动了。公共交通将是减少交通堵塞的关键。规划者们需要考虑更多的地铁是否有意义，或者是否有更好的方案。无人驾驶汽车也许会日益完善，但究竟能否缓解交通压力？我们需要想出更有效的无人驾驶汽车的管理方案，而不是简单地让更多的汽车上路。

如果有飞行汽车，那我们还需要关心交通堵塞和公共交通吗？或许堵塞更甚。单纯的发行汽车，并不能彻底解决交通问题和污染问题。飞行汽车、无人机、飞机和直升机各占据一方天空时，可能会导致天

1　Alexa是一个由亚马逊开发的智能个人语言助理，类似于苹果的siri和谷歌的home。

空异常繁忙和严重污染！

交通运输会消耗大量能源，对环境造成影响。将数百万人安置在一个城市中，他们做饭、开灯、取暖或制冷、给手机充电、使用电脑和电视以及四处旅行，都将对环境产生影响。所有这些行为都需要能源，而过去的能源消耗已经对环境造成了不良影响。

许多城市的政府部门现在正在研究如何减少环境污染，特别是减少可能对居民造成伤害的污染。这需要努力减少能源消耗，寻找环保的能源方案来满足我们的需求。越来越多的电力是通过可再生和低碳方式产生的，但真正创新的方案可能才是创造未来能源的最佳途径，例如，氢能源汽车可以取代现有的汽油和柴油汽车（尽管氢的生产过程伴有相应问题），它们的唯一尾气

错过了无人驾驶汽车的讨论么？请翻至第368页。

是水蒸气而不是二氧化碳。可以开发出将步行或骑车产生的人力转化为电能的技术，或者将我们的家庭、办公室和学校以某种方式变成能源发电机，让我们每个人都能自产自用。也许未来你会成为这种技术的设计人员，或者参与规划建设我们未来的城市。我们需要有一个强烈的愿景，我们希望这些城市是什么样的，这样我们才能捕捉到科技带给生活的美好。你有

这样的愿景吗？我起初是根据动画片想象了未来的城市。那你能想象出什么样的城市呢？

也许不会有飞行汽车，但真希望有很多机器人管家！

互联网：
隐私、身份
和信息

戴夫·金

数字资本机构（DIGITALIS）首席执行官

你有没有想过，谁能看到你在网上做什么，或者你写的信息会被保存多长时间？

互联网是由世界各地连接在一起的许许多多不同的计算机组成的。我们常常通过手机和其他设备访问互联网，但有些计算机是专门用来存储我们所有人放在互联网上的信息的。这些计算机被称为服务器，它们承载着我们访问的网站。其中一些服务器分布在家庭和办公室，但大多数服务器位于由互联网服务提供商（简称ISPs）专门建造的运营中心。像谷歌、脸书和亚马逊这样的大公司都有自己的数据中心和机器网络，每个机器都有大量的数据。社交媒体网站允许人们使用这个巨大的计算机网络进行交流，通常是远距离交流，而且在社交媒体平台上发布的许多内容会被保存下来，并可能永远保存！一些信息应用程序，有意限制信息存储时长，当然你总有办法复制收到的电子信息。所以在互联网上总能找到方法。

像谷歌这样的搜索引擎使用一种叫作"机器人"或"蜘蛛程序"的软件脚本来全网搜索网页（或尽可能多地搜索网页），从一个网页链接到另一个网页。他们的目的是对网络上的所有东西进行分类，这样我们就可以快速地找到我们要找的东西。

因此，搜索引擎和其他类似网站不断复制和罗列我们在网上发布或阅读的大部分内容。这样，我们在某个地方发表的东西可能很快就会在其他地方出现或被记录下来。因此，在某一网站上发布并删除的内容随后可能已存于另一个网站上 —— 可能在未来的某个时候被别的互联网用户发现。

因此我们在互联网上应该慎重发布个人信息，因为有时实际上并无"删除"按钮。

我们不希望别人找到我们很久以前发布在网上的信息还有其他原因。过去在面试时，潜在雇主会向前任雇主询问应试者的相关信息。如今，当你找工作时，雇主经常会在社交媒体上查询你的情况，了解你、你的朋友以及你的过去。这意味着你的朋友在网

小心！信息提醒

在社交朋友圈，广而告之你与父母一起度过了一个美好假期，这似乎是一件很酷的事情，但你也在提醒罪犯们房屋空虚，有可乘之机。

上发布的内容可能也会影响别人对你的看法。

互联网尤其是社交媒体，已经彻底改变了我们的沟通能力、享乐和与人交往的能力。有些人说社交媒体让我们在现实世界中变得更加不爱社交，也许那些过度依赖社交媒体的人的确如此。不过，和大多数东西一样，如果社交媒体并没有完全占据我们的生活，且我们了解使用它的风险，那么它还是有很多好处的。当然，你在网上分享生活时，并没有什么硬性规则，以下列出了一些规则以供参考。

七大
黄金法则

1. 发帖前先思考

当你在网上发布内容之前，不要只考虑你打算让谁看到。还应想想你是否乐意让其他人——那些认识你的人以及许多不认识你的人，当下以及未来都能看到你所发布的内容。如果有所犹疑，就不要发！

2. 点击发送前先思考

人们到处发送对方并不愿意接收的"垃圾邮件"的原因有很多。有时只是为了销售产品，但有时垃圾邮件包含的链接旨在诱导你访问不该访问的网站。最糟糕的垃圾邮件是那种试图在你的机器上安装软件，以窃取或控制数据。有一个简单的规则。如果你不能百分百确定发件人是谁，或者若邮件看起来有蹊跷，千万不要点击任何链接。

3. 分享前先思考

许多人不假思索地就将照片发布到社交媒体上，但往往这些照片中的人可能并不乐意自己的照片被公开。在发布你的兄弟、姐妹、父母或朋友的照片之前，为什么不先征求他们的同意呢？毕竟，你是把他们的数据公布给全世界看。对于那些拍摄你的照片或视频的人也应要求同样的尊重，千万不要羞于拒绝别人发布你的照片。例如，如果你在家里开派对，你可以事先要求所有的朋友不发布任何照片。否则你出现在互联网上的照片可能是你正大口吃披萨的瞬间！

4．只和朋友做朋友

人们可以在互联网上假装成别人 —— 使用虚假的名字、照片和年龄。这些人往往抓住我们都希望自己受人欢迎这一心态，因而很多人都会点击 "接受" 好友添加请求。如果你已完成个人隐私设置，那么很多内容是仅好友可见，因此如果你不知道对方是谁，不要让他/她进入你的好友圈。

5．注意隐私设置

社交媒体网站通过向销售公司及品牌商出售广告空间来赚钱。他们可以精准投放广告，从而使之真正发挥作用。因为我们透露了很多个人信息，因此社交媒体网站可以向他们的广告商保证，足球电脑游戏的广告只会展示给那些谈论足球和游戏的人。（对我们来说）不利的一面是，我们把大量个人信息放到网上去迎合这些公司的利益。所有这些网站都有隐私设置，但它们往往更改得非常频繁，大多数人在接受隐私条款之前都不会仔细阅读细节。最好的办法就是要么保持警惕，要么假设你发布的任何内容以后都可能会被其他人看到。

6. 注意位置设置

当我们在搜索引擎上寻找当地的电影院或滑板公园时，定位当然很有用，但如果我们在社交媒体上发布想法或照片时，而不想让别人知道我们的具体位置，那么这时候定位就不那么合时宜了。你知道吗？现在许多应用程序的设置默认与应用程序提供商分享你的位置。你应该弄清楚定位是否真的更有利于你使用该程序（例如，如果你正在使用导航类应用程序，那么答案是肯定的），你是否信任你所使用的应用程序的供应商，以及这些数据是否会落入坏人手中。如有犹疑，那就把它关掉。

7. 密码和安全

犯罪分子使用软件脚本来尝试成千上万的单词组合，试图"猜测"密码并获取人们的数据。因此使用复杂密码非常重要。幸亏未来几年里，生物识别（如指纹或瞳孔识别）将逐渐取代文字密码，但就目前而言，重要的是要设计出一系列难以猜测、计算机很难算出的密码。永远不要使用"password""123456"或类似容易猜到的密码。避免一些显而易见的信息，比如你宠物的名字或者你最喜欢的足球队的名字，因为这些信息很容易被发现。

最后，我认为互联网和现实世界一样，发生着很多有意思的事情，同样也有很多友善的人们。然而，在现实生活中的某些地方，我们也应当小心警惕所行之处、对话之人及所做之事。当我们在网上冲浪时，也应同样保持警惕。

气候变化

妮蒂亚·卡帕迪亚

几百万年前，地球上还没有人类，到处都是植物和动物，这些生物体经历了生与死的循环，它们死后会倒在地上。随着越来越多的物种倒下并腐烂，它们被沉积物和泥土所覆盖，这些沉积物和泥土是由风和水携带的被侵蚀的矿物碎片。随着覆盖层累积温度不断升高，压力不断加大，最终将这些死去的生物转化为化石燃料。它们在地下留存了令人难以置信的数百万年之久。

你知道吗？一般每4年有一个闰年，100万年有242 500个闰年！

化石燃料

现有三种化石燃料：石油、煤炭和天然气。在我们当今社会中，它们是我们的主要能源，有着巨大的价值。我们用它们在黑暗中照明、发动汽车、在寒冷的冬天取暖。然而，为了获得这种能源，我们必须燃烧这些化石燃料，这样会释放出温室气体二氧化碳。这些气体将太阳的热量困在地球大气层中，导致气温上升。这就是所谓的气候变化。

温室气体

你可能对温室有所了解，温室可以是一种玻璃建筑，可以使植物保持温暖的生长环境。太阳的热量能透过玻璃，玻璃也能阻挡寒风、冰雪。园丁可以培育脆弱的、不耐寒的热带植物。一些气体，如二氧化碳、甲烷和一氧化二氮，在进入地球大气层时起到了同样的作用。它们吸收并释放红外辐射，捕获热量，所以科学家称它们为"温室气体"。

温室效应

捕获的太阳
热量

大气中高含量的二氧化碳

气候变暖

虽然温暖的冬天听上去很吸引人，但它已经对地球造成了灾难性影响。随着全球变暖，冰川和冰盖这些巨型冰体正在融化。这不仅导致一些生活在冰上的物种失去了栖息地，许多动物流离失所，也意味着许多生活在沿海地区和低洼岛屿的人们将面临海平面上升的问题。他们的家园和土地将遭受严重的水灾。有些甚至可能完全消失。

除了这些问题，冰盖融化对气候变化还有另一个影响。冰盖和冰川是白色的，它将大气中的热量反射出去。随着更多的冰融化，那么从大气中反射出去的热量就会随之减少。这些热量仍然滞留在地球表面，因而使地球的温度进一步攀升。一些科学家认为，存在一个"临界点"，超过这个临界点，我们的星球难以居住。我对此深感震惊，因为这意味着我们一直以来的生活方式可能会就此结束。

其他威胁

气候变化和空气中二氧化碳含量的增加也构成了其他令人担忧的威胁。例如，二氧化碳含量增加，污染我们的空气，导致空气质量下降。这意味着供我们呼吸的清洁健康的空气减少，会导致许多严重的健康问题。此外，水质也会因为水体受到二氧化碳等污染物的污染而有所下降。这不仅影响到人类 —— 地球上所有的生命都受到这些问题的影响。地球上的物种多样性正在急剧下降，据专家估计，我们的物种每年会减少0.01％到0.1％。这些数字看起来并没那么高，但你要知道地球上有数百万种物种，那么这一比例所对应的就是个大数目。

你知道吗？科学家们计算出，波罗的海的蛤蜊释放的温室气体甲烷，相当于20 000头牛的排放量。

天气预报

此外，随着地球变暖，气候模式将受到巨大影响。世界上一些地区降雨、降雪、雨夹雪或冰雹越来越多，而其他地方则开始经历极度干旱。严重的热浪和干旱将导致许多地区的可用水量减少，且不足以满足日常用水。一些地区将完全不再适合居住。这种气候模式的变化将对人类生活产生很大的影响，水资源短缺甚至可能成为未来爆发战争的原因。世界还将面临日益频繁的自然灾害，如飓风和洪水。

我们能做些什么？

我们听说过很多有关一次性塑料的说法，但化石燃料也是一次性的 —— 它们是不可再生能源，这意味着我们仅能使用一次。我们未来需要开始使用可再生能源，如太阳能或风能。这些能源更加环保，因为它们不排放温室气体。诚然，解决气候变化相关问题的办法相当复杂，但这并不意味着我们就放弃尝试。

无论你多大，无论你在哪，没有什么能够阻止你采取行动出手相助。有点不知所措？看看气候变化活动家格蕾塔·桑伯格吧。她在16岁时就获得了诺贝尔和平奖提名。很多人觉得她鼓舞人心，是因为她如此年轻。她没有因年龄小而对气候危机置之不理，反而是把它当作一个机遇，从而进一步强调气候问题的严重性。

为了有所作为，你必须了解气候变化的前因后果。虽然化石燃料是主要问题之一，但我们还需要考虑另外几个挑战，比如塑料污染海洋及致死生物。当我们处于这样一个转折点时，我们现在对地球的所作所为将会影响到我们的子孙后代。我们必须即刻采取行动。

我发现我们的环境问题很糟糕！就好像有一个时钟，在我们的世界里进行倒计时。我们的许多问题看起来非常复杂，想要做出改变远超出我们能力范围。我知道，和我一样，我这个年龄段的很多人都有一种无助感，认为解决我们的问题需要付出巨大的努力，而这远非一人之力可及。就我个人而言，我认为它不应该只涉及年轻一代，而是应该涉及所有人。这些问题威胁着我们的生活方式，如果不采取行动，几年后我们可能会过着完全不同的生活。如果我们不立即采取行动，例如把我们的能源从化石燃料改为更清洁的可再生能源，我们将不得不面对诸如世界粮食供应短缺或水资源之争这样的问题，这是令人担忧的。

然而，我相信我们可以通力合作切实有效地解决这些问题。如果我今天必须对世界做出一个重大改变来防止气候变化，那么我想要停止砍伐森林。这包括将规则落实到位，以确保纸张和其他森林资源的可持续的供应，当原有树木被砍伐时应立即种植新树补位。重新造林是非常重要的，因为这些森林不仅是众多物种的家园，它们还释放氧气供我们呼吸。如果你能有所改变，你想做什么？

树木和植物

　　植物通过"光合作用"从阳光、空气和水中获取养分。在这个过程中，它们会捕获大量的二氧化碳。事实上，目前唯一能够将大气中的二氧化碳排出的方法就是通过光合作用！

　　树木比其他任何植物吸收的二氧化碳都更多。如果我们能种植更多的树木，那将大大有助于减少温室气体所造成的影响。所有的树都不错，那些长得快、寿命长的树更好，比如栗子树、核桃树和各种松树。

　　泥炭，一种由湿润且部分腐烂的植物混合而成的土壤，它能够很好地存储二氧化碳。

　　然而，如果一棵树被砍倒或烧毁，它会把储存的所有二氧化碳释放回大气中！如果泥炭被切割或干燥，用作燃料或花园的堆肥，它也会释放出二氧化碳。

　　如果你没有可以种树的大花园，那你何不种一两盆花呢？如果你好好照料它们，即使是一株小植物也会有所助益。

术语表

算法
计算时需要遵循的一套规则。计算机使用算法进行计算。

海拔
天空中物体在地平线以上（或有时在地平线以下）的距离，以角度测量。卫星在地球上方的高度，以千米或英里为单位，也称之为海拔。

模拟计算机
模拟计算机使用来自物理源的数据，这些数据是连续但不断变化的，如温度、机械运动或电压等。大多数模拟计算机现已被数字计算机所取代。

类比
两种事物之间的比较，通常是为了解释某件事情或使其更清楚。

安卓
一种仿人类制造的机器人。

反物质
普通物质是由电子、质子和中子等粒子组成的。反物质是相反的：它是由正电子、反质子和反中子组成的。物质和反物质的粒子具有等量但相反的电荷，如果它们相遇，就会同归于尽，只留下能量。

ASCII
美国信息交换标准码。最早用于电信领域，后来成为电脑编码中使用的一种代码，不过现代编码已经在原始版本的基础上精进良多。

二进制系统、双星系统
双星系统描述的是两颗恒星绕彼此运行的情况。引力吸引着这两颗恒星，它们的运行轨迹是椭圆，而不是圆。天狼星 —— 天空中最亮的恒星，就是一颗双星系统。

生物工程
基因工程指故意将某些特性引入生物体。例如，科学家可能会添加基因，使小麦或大米等谷物能够抵御干旱或寒冷，这样就可以在原本难以种植这些作物的地方大量培育。生物工程还可以用来指给人们提供人造器官以使其更好地适应工作生活 —— 可能包括助听器或假肢。

生物矿物
生物可以产生矿物质，通常用来加固自身组织。这些矿物被称为生物矿物，其中包括贝壳和骨骼。

海底烟柱
海底的一个洞（或喷口）喷出超高温的水。水是黑色的，因为水中含有硫化物，黑色的硫化物。

蓝移
光源移动时会产生波。可见光的波可以有不同的长度。当光源快速向观测者移动时，其波长很短，看起来是蓝色的。这就是所谓的蓝移。（当光源远离观测者时，波长变长，呈现红色 —— 即红移。）利用波长的颜色，就可以分辨光源的运动方向。

宇宙、宇宙中心论
Cosmos（宇宙）是Universe的另一种表达，有时也指空间。以Cosmo开头的单词和宇宙有关。Cosmocentric（宇宙中心论）表达了宇宙是最重要的观点，与之相反的"人类中心论"认为人类的存在是最重要的。以宇宙为中心的自然观反对人们为了方便生活而重塑行星的行为。

低温学
与低温相关 —— 处于低温或产生低温或与低温有关。低温学是一个研究这门学科的物理学分支。

冰火山
当冰火山喷发时，它喷出的是水、甲烷或氨等物质，而不是熔融的岩石。火山喷发是液态或气态，但当它凝结时就会冻结成固体。科学家们认为，在冥王星和一些遥远的太阳系卫星上，如土星的卫星土卫六和土卫二，存在冰火山。

密码学
隐密写作。通常是指将信息编写为代码，或对密码器发送的信息进行解码。

网络安全
保护以电子方式存储在计算机上的数据的安全。各类组织都希望保护信息，防止包括犯罪分子在内的任何人未经授权拥有或使用网络数据。

隔膜
一种隔离物。就哺乳动物而言，它指的是将颈部和胸部区域分开的隔肌。它也可以用来描述诸如相机中用于改变镜头光圈的装置，或在音响系统中作为隔断的薄膜。

EDSAC 电子延迟储存自动计算器
英国早期的一种计算机。它是在剑桥大学制造的，被从事餐饮业的J.Lyons & Co.公司所采用。Lyons是第一家在商业上使用计算机的英国公司。

电磁辐射
宇宙中普遍存在的一种能量形式。它以波的形式移动。这些波按波长依次为波长最长的无线电波，微波、红外线、可见光、紫外线、x射线和波长最短的伽马射线。

同理心
不需要解释就可以明白并理解他人想法和感受的能力。

顿悟
突然理解或得到启示的时刻。

ESA 欧洲空间局
这是一个由22个国家组成的集团，致力于太空探索。欧洲空间局的总部位于法国巴黎。欧洲空间局参与载人和无人太空飞行，包括国际空间站和旨在未来登月的猎户座飞船。

基本粒子
宇宙中最小的东西。组成原子的电子、质子和中子都是由基本粒子构成的。

融合
将不同的东西连接在一起，使它们成为一个整体。这通常是通过加热来实现的，高温使不同的元素熔化，从而融合。

地心论
早期的天文学家和学者认为天上的一切 —— 太阳、月亮和星星，都围绕着地球旋转，他们认为地球是一切事物的中心。

温室气体
像二氧化碳这样的气体，在地球的大气层中积聚，阻止热量外泄，导致大气层变得更热。甲烷也是一种温室气体。

深海热泉
海底的一个洞，从中流出富含矿物质的高温水。海底烟柱就是一种深海热泉。

超空间
一种超过三个维度的空间。故事中，它是一个想象中的人们可以以超光速旅行的地方。

离子
通常是指失去至少一个电子的原子。这使它带正电荷。多带一个电子的原子是带负电荷的离子。原子在相互碰撞时可以变成离子。

柯伊伯带
太阳系中从海王星轨道向外太空延伸的一个区域。柯伊伯带充满了小型冰状物体——冰冻的水、甲烷和氨，它们可能是太阳系形成时留下的。

纬度
绕地球的虚线，与赤道平行。它用来测量与赤道的距离，单位是度。赤道两边各有90纬度。

对数
用来表示单个数重复相乘的数字。例如，$2 \times 2 \times 2$ 可以写成 2^3。数学家称2为底数，3为指数。3是以2为底的8的对数。

经度
绕地球的虚线。经线是南北走向，从北极开始，一直延伸到南极。以度为单位，从伦敦的格林尼治子午线开始，即0度经线。

宏观
宏观的东西，普通的视力就能看到。它不需要放大就能看到。有时"宏观"用来指规模非常庞大的物体。

纳米技术
"纳"是指亚微观的非常微小的东西。纳米技术是指原子或分子尺度上的技术，纳米

机器人是一种非常小的自走式机器。纳米领域是研究或制造微小事物的科学领域。

NASA 美国国家航天局
美国政府的一个机构。美国国家航天局负责美国所有的太空飞行、太空探测器和卫星。还进行研究和运行发射场。

神经元
传递神经冲动的细胞。几乎每种动物都有神经元。

交点
在天文学中，交点是一个天体（如行星或月亮）的运行轨道与一个用于参考的平面（如地球轨道平面或天体赤道平面）相交的点。

粒子
构成原子的极微小物质之一。不同数量的质子、中子和电子组成了不同种类的原子。

Phyllocian时期
火星年表（或时间轴）的一部分。科学家试图找出不同事件发生的时间，哪些是最古老的岩石和陆地构造以及最近可能发生的事情。利用火星快车号探测器收集的信息，科学家们研究了火星地表矿物因风化而发生变化的方式。
Phyllocian时期涵盖了火星表面有水的一段时期，在此期间，火星表面形成了山谷，并留下了粘土沉积物。科学家们认为，如果火星上有任何生命存在的证据，那将来自于该时期。Phyllosilicate（页硅酸盐）是一种粘土的名称。

等离子体
充满离子的气体云——电子和原子核的混合物。恒星内部的一切都处于等离子体状态。

心理学
研究人类心灵及心理过程，尤其是人们的行为方式。

放射性
一种能量。当放射性原子释放出一个或多个粒子，如质子或中子时，就会释放出这种能量。宇宙诞生时，释放出了大量的放射性物质。

时空
一个使用四维来定位事件或物体的数学框架。它以永远恒定不变的光速为基础，来测量时间和三维空间。

超新星
当一颗巨大的古老恒星的核燃料耗尽时，剩下的物质会向内部坍塌。恒星中心的温度上升了数百万度，就会发生超新星爆炸。超新星发出的光比原恒星发出的光要亮20倍。

速度
物体沿一个方向运动的速率。速度用距离和时间来衡量，例如米每秒或千米每小时。

波函数
波的行为方式。波是某种形式的能量，波是振荡的 —— 它以稳定的模式上下或前后移动。电磁辐射以波的形式传播。

后记

　　我向来不喜欢说再见。它似乎总是伤感而归于终结。但在这本书中，有几个重要的告别。我深爱的父亲史蒂芬·霍金，他已经离开我们了。近期，我的朋友、合作者、科学天才彼得·麦克欧文最近也去世了。两位星辰陨落，世界便多了一丝阴霾与灰暗。这两位都是伟大的科学家、杰出的人物，他们试图用自己的智慧和洞察力来创造一个更加美好公平的世界。他们会非常高兴有人阅读我们的作品，作者还包括年轻的撰稿人妮蒂亚，她是一位青少年气候变化活动家，为我们撰写了她这一代人对未来的看法。因此，尽管两位人物的离世使我心碎，但我宽慰自己，他们的工作和生命仍将成为我们灵感和知识的源泉，而且有积极和直言不讳的青年科学家和活动家们还在涌现。我的父亲和彼得会为他们感到骄傲。他们也许将拯救这个世界。你也可以。

露西·霍金

411

致谢

特别感谢托比·布兰奇博士、苏·库克、克里斯多夫·加尔法德博士、斯图尔特·兰金和费莉希蒂·托特曼在各版本中提供的宝贵的编辑意见。

衷心感谢企鹅兰登书屋儿童部的每一个人，特别是露丝·诺尔斯，艾玛·琼斯和安妮·伊顿。感谢他们对《乔治的宇宙》系列的信任和辛勤付出，出版这些让小读者能够接触到科学的书籍。另外也非常感谢瑞贝卡·卡特领导的詹克罗和内斯比特团队的鼎力支持。

《乔治的宇宙 秘密钥匙》（柯基出版社，2007）中有史蒂芬·霍金教授的文章。

《乔治的宇宙 寻宝记》（柯基出版社，2009）中有史蒂芬·霍金教授、伯纳德·卡尔教授、塞思·肖士塔克博士、布兰顿·卡特博士、马丁·里斯爵士等人的文章。

《乔治的宇宙 大爆炸》（柯基出版社，2011）中有史蒂芬·霍金教授、保罗·戴维斯博士、基普·索恩博士等人的文章。

《乔治的宇宙 不可破解的密码》（柯基出版社，2014）中有彼得·麦克欧文教授、麦克·里斯教授、雷蒙·拉菲拉姆博士、托比·博兰契博士、提姆·布莱斯提吉博士等人的文章。

《乔治的宇宙 蓝月》（柯基出版社，2016）中有罗斯·瑞克白教授、泰麦森·马瑟教授、阿廖申·托马斯、凯里·格瑞第、理查德·盖瑞特·德·盖尤等人的文章。《为火星建造火箭》©2015的版权归属于美国国家航天局，经许可使用。

《乔治的宇宙 时间飞船》（柯基出版社，2018）中有彼得·麦克欧文、马尔科·施普林曼博士、安迪·泰勒、贝斯·韦斯特、凯特·达琳博士、戴夫·金等人的文章。

本书首次出版的文章包括：阿马尔·阿尔沙拉比教授的《遗传学》、苏菲·霍杰茨博士的《地球平面论者、月球骗子和反疫苗者》、托马斯·赫托格教授的《平行宇宙》、萨沙·哈科的《黑洞》、杰米斯·哈萨比斯博士的《人工智能》、卡瑞莎·贝利斯的《谈机器人的道德准则》、妮蒂亚·卡帕迪亚的《气候变化》。

彩色插图《月球上的脚印》以及第一张从月球上拍摄的地球照片 版权归属©美国国家航天局。

所有其他彩色照片/图像 版权归属©快门联交图片供应商业（shutterstock）。

413

图书在版编目（CIP）数据

时间简史（儿童版）/（英）史蒂芬·霍金（Stephen Hawking），（英）露西·霍金（Lucy Hawking）著；杨杉译 . — 长沙：湖南科学技术出版社，2022.4（2024.6重印）
ISBN 978-7-5710-1310-3

Ⅰ.①时… Ⅱ.①史…②露…③杨… Ⅲ.①宇宙 - 儿童读物 Ⅳ.① P159-49

中国版本图书馆 CIP 数据核字（2021）第 238624 号

Unlocking the Universe
Copyright© Lucy Hawking, 2020
Artwork © Jan Bielecki 2020
Published by arrangement with Random House Children's Publishers UK, a division of The Random House Group Limited.
All Rights Reserved

湖南科学技术出版社获得本书中文简体版独家出版发行权
著作权合同登记号： 18-2021-101

SHIJIAN JIANSHI（ERTONG BAN）
时间简史（儿童版）

作者
[英] 史蒂芬·霍金　[英] 露西·霍金
绘图
[瑞典] 简·比莱基
译者
杨　杉
出版人
潘晓山
策划编辑
孙桂均
责任编辑
杨　波　李　蓓　吴　炜
营销编辑
周　洋
出版发行
湖南科学技术出版社
社址
长沙市芙蓉中路一段 416 号泊富国际金融中心
http://www.hnstp.com
天猫旗舰店网址
http://hnkjcbs.tmall.com

印刷
湖南省众鑫印务有限公司
（印装质量问题请直接与本厂联系）
厂址
长沙县榔梨街道梨江大道20号
邮编
410100
版次
2022 年 4 月第 1 版
印次
2024 年 6 月第 5 次印刷
开本
880mm×1230mm 1/16
印张
26.75
字数
156 千字
书号
ISBN 978-7-5710-1310-3
定价
98.00 元